阅读成就思想……

Read to Achieve

DIGITAL CHINA
Big Data and Government Managerial Decision

数字中国
大数据与政府管理决策

江青 ◎ 编著

中国人民大学出版社
· 北京 ·

图书在版编目（CIP）数据

数字中国：大数据与政府管理决策 / 江青编著 . -- 北京：中国人民大学出版社，2018.7
ISBN 978-7-300-25469-2

Ⅰ. ①数… Ⅱ. ①江… Ⅲ. ①数据处理 – 干部教育 – 自学参考资料 Ⅳ. ① TP274

中国版本图书馆 CIP 数据核字（2018）第 027012 号

数字中国：大数据与政府管理决策
江　青　编著
Shuzi Zhongguo: Dashuju yu Zhengfu Guanli Juece

出版发行	中国人民大学出版社			
社　　址	北京中关村大街31号	邮政编码	100080	
电　　话	010-62511242（总编室）	010-62511770（质管部）		
	010-82501766（邮购部）	010-62514148（门市部）		
	010-62515195（发行公司）	010-62515275（盗版举报）		
网　　址	http://www.crup.com.cn			
	http://www.ttrnet.com（人大教研网）			
经　　销	新华书店			
印　　刷	天津中印联印务有限公司			
规　　格	170mm×230mm　16开本	版　次	2018年7月第1版	
印　　张	11.5　插页1	印　次	2023年12月第7次印刷	
字　　数	135 000	定　价	86.00元	

版权所有　　侵权必究　　印装差错　　负责调换

推荐序

"大数据的应用在于分析和创造价值。政府部门可以利用大数据的挖掘结果,用科学方法制定政策;企业可以利用大数据使利润最大化;学者则可以利用大数据寻找科学规律,支持社会经济发展。"这是我在 2013 年 1 月举行的"大数据背景下的计算机和经济发展高层论坛"上提出的观点。鉴于大数据将成为驱动社会创新的重要因素,我们当时就建议中国的大数据发展分三步走:第一步是把政府的数据整合起来,让数据不再隔离;第二步是我们要创造数据决策的环境;第三步是我们要养成科学决策的素养。

虽然今天人人都在谈论大数据,但十年前人们对这一概念还非常陌生。中国科学院虚拟经济与数据科学研究中心从 2007 年就已经展开基于数据科学的研究，也已经将研究成果应用于国家宏观决策，以及为地方建言献策。这个过程一路走来有收获，也有失落。

今天，大数据依然面临着不少重大的挑战：其一，研究异构数据的不同表现形式之间的逻辑关系，以寻求基于异构数据的"多维数据表"的一般规律；其二，探索大数据复杂性、不确定性特征描述的刻画方法以及大数据的系统建模；其三，研究数据异构性与决策异构性的关系对大数据知识发现与管理决策的影响。不过，更多的政府支持和政策推动已经让大数据发展有了越来越好的环境和土壤。作为从业者，我们甚感欣慰，也希望越来越多的领导干部对大数据能够认识、了解、理解、接受，并能进行应用，因为养成正确的思维方式是做出正确决策的基础。

《数字中国》一书并没有涉及专业计算技术或者数据分析相关知识，而是一些应用场景和作者亲历事件的串联，像一则白话版数据资讯一样。我衷心地希望这本有意义的书能够给大家带来新的人生价值。

石勇

国务院参事

发展中国家科学院院士

中国科学院虚拟经济与数据科学研究中心主任

中国科学院大数据挖掘与知识管理重点实验室主任

特别推荐

  人类的发展是认识世界和认识自我的过程。人类的认识是不断拓展的，正是基于这种拓展，人类才不断地进步。如果说现代人比古代人高明，那完全是由于自身总体认识的不断丰富。只有不断趋近全面、联系、发展并且动态地看问题，人类才能越来越接近事物的真相。片面地、静止地、孤立地看问题是不符合进化要求的。所谓高人，就是能够高瞻远瞩，看问题比别人更加全面，并且能够联系、发展地看问题，看得远、看得全、看得深、看得透。谁比谁睿智，实际上是看谁掌握的信息更全面，并能科学、辩证地应用。大数据的认知与应用就是帮助人们更加全面地看问题。

  《数字中国》旨在帮助人们直观理解大数据应用、大数据分析，为基于大数据看问题提供重要的参考价值。作者江青是我在新闻出版总署社长培训班的同学。她一贯好学，孜孜以求。这本书就是她研究的成果，对于我们认识大数据很有借鉴意义。

在大数据面前，我们要有敬畏心态。大数据可以帮助我们决策，也同样需要我们全面、联系、发展地分析，某一类数据只能反映某一方面的问题，一定要与具体情况相结合进行全面分析，决不能拿过来就机械地、片面地、孤立地、简单地使用。刘伯承将军在率军千里挺进大别山途中的最后一个险关——淮河时，在掌握大量情报的基础上，还是亲自去测验河水的深度，最终保证了大军的顺利前行。没有大数据就会缺乏分析依据，机械运用大数据也只能得到机械的结果。现在，虽然有些数据还是保密的，但不会运用数据的人和单位即使掌握了大量数据，也是枉然。

人类在发展中还会认识更多的事物，更会无限地接近事物的真相。然而，这个世界又是瞬息万变的，唯一不变的就是变。你掌握大数据了吗？

翟小纯
民革中央调研部副巡视员

2017年12月，习近平总书记在中共中央政治局就实施国家大数据战略进行第二次集体学习时指出，善于获取数据、分析数据、运用数据是领导干部做好工作的基本功。各级领导干部要加强学习，懂得大数据，用好大数据，增强利用数据推进各项工作的本领，不断提高对大数据发展规律的把握能力，使大数据在各项工作中发挥更大的作用。

各国对大数据战略日益重视，并试图通过数据分析引领政府决策和推动社会进步。我国也在快速布局大数据战略，把大数据发展作为推进国家治理体系和治理能力现代化的重要内容和基础性工作。对深化改革而言，

特别推荐

用好大数据可取得事半功倍的效果。全面深化改革，广泛涉及对信息的分析，是把握时代特点、历史进步、社会发展、经济运行的基本途径。

面对越来越复杂的社会发展需求，单靠经验来运行庞大而复杂的决策系统已经远远不够了，必须基于数据分析进行科学决策。同时，加强政府方面的人才队伍建设，培养能够使用和管理大数据的公务员队伍，提升公务人员大数据的应用水平是政府治理现代化的应有之义。

在过去几年里，我和我的同事开展国家治理体系和治理能力现代化方面的研究时，曾得到了本书作者及其团队的大力支持。在这个过程中，我们切实感受到了大数据对于把控现代社会发展具有不可替代的方法论价值。

期待本书作者的研究、思考和经验对读者有所帮助。

丁元竹

十三届政协委员、国家行政学院社会文化部副主任

进入互联网时代，在企业经营、百姓消费、政府监管、社会组织服务的过程中都产生了大量的数据，这些数据将有助于我们完善市场秩序，有效进行市场监管，更好地服务和保护消费者权益。积极构建市场监管与消费维权的综合数据平台，努力形成行政监管、社会监督和行业规范相结合，协同共治的消费者权益保护创新工作格局，将是市场监管部门践行习近平新时代中国特色社会主义思想的具体作为。这几年，我们在进行商品质量监管、市场秩序维护等工作中，都已与大数据紧密结合，并且与本书作者所带领的大数据实验室团队进行了有益的探索和合作。

从几年前对大数据概念的不理解，到具体工作中具体问题的大数据应

用,大数据在我们的面前已经变得越来越清晰,也越来越好用。越来越多的公务人员意识到了大数据的魅力和价值,需要迅速地汲取知识,提升素养。《数字中国》一书的出版适逢其时,定会较好地满足读者需求。

杨红灿

国家工商行政管理总局反垄断与反不正当竞争执法局局长

与《数字中国》一书作者相识是在2014年6月中国统计信息服务中心与厦门市共建"大数据研究服务基地"揭牌仪式上,这项内容在书中也有所介绍。我有幸亲历和见证了大数据应用落地的过程,当然也更希望继续推动大数据真正应用于地方的领导思维决策和经济社会服务中。

当前,大数据方兴未艾,正极大地影响着人类的价值体系、知识体系和生活方式。"未来,不懂得利用大数据进行科学决策的领导者将会被淘汰。因此,无论是领导者还是基层人员都不能忽视数据的力量,要努力培养自己的大数据思维、应用数据决策的数据素养。"《数字中国》是第一本结合我国经济社会场景应用大数据实践案例的读本,作者在书中将其所亲历的大数据发展历程、主要事件、应用案例以及行业发展的变化进行了阐述,从大数据的基本概念、特点到实践解读,通俗易懂,是一本可以放在案头的大数据书籍。

徐文东

厦门市政协常委、副秘书长、办公厅主任

利用以计算机为载体的大数据和人工智能,人们可以再现、预测和发现客观世界发展规律和特征演化的过程。作为一个计算机科学工作者,我十分高兴看到现在越来越多的科学家和各个行业的从业人员加入了人工智能研究领域，也十分欣慰地看到大数据和人工智能不仅可以改善人们的生活，还可以影响社会形态。未来还会有更多的惊喜等着我们去发现，这已是不争的事实。

目前是人工智能发展的黄金时期，大数据与人工智能的发展改变了人们的思维与生活习惯，并促使我们的社会进步。然而，社会进步的巨大推动者在很大程度上是政府部门的决策者。只有充分发挥人脑的作用，才能最大限度地发挥大数据的作用，才能达到科学计算为人类服务的根本目的。《数字中国》这本书以大数据在中国政策方面的发展历史为线索，以大数据分析的具体行业应用实例为内容，以培养人们的数据情商为目的，是一本很好的大数据应用入门书。

刘万泉

北京市"海聚工程"人才专家

澳大利亚科廷大学（Curtin University）计算机系博导

运用大数据，走好新时期群众路线。试读《数字中国》电子稿时，我正在学习中共中央总书记习近平在主持中共中央政治局第二次集体学习时的重要精神，这本书恰好帮助我进一步理解了总书记讲话中的一些要点。总书记强调，大数据发展日新月异，我们应该审时度势、精心谋划、超前布局、力争主动，深入了解大数据发展现状和趋势及其对经济社会发展的影响，分析我国大数据发展取得的成绩和存在的问题。而书中对大数据产业发展水平指数的介绍，让我们可以全面量化了解目前我国大数据发展的状况，更深刻地理解运用大数据推动数字政府建设，运用大数据促进保障和改善民生、保障国家数据安全，领导干部要率先提高数据素养的迫切性和紧要性。

数字中国：大数据与政府管理决策

"大数据＋政务"的本质是指以政务服务平台为基础，以公共服务普惠化为主要内容，以实现数字化政府、智慧政府、数字经济为目标。多年实践表明，政务大数据是新时代的群众路线。运用大数据，联结网络社会与现实社会，实现政府组织结构和办事流程的优化重组，构建集约化、高效化、透明化的政府治理与运行模式，向社会提供新模式、新境界、新治理结构下的政府管理和政务服务产品有着现实的需求和深刻的历史意义。

政务大数据的采撷、分析、研判和运用，是政府科学决策的民意基础，有助于提升政策公信力和公众对政策决策的理解支持。政务大数据成为访民情、听民声、察民意、集民智、解民忧的重要途径，促进了百姓合理诉求的解决，密切了党群关系，提升了党和政府施政效率。习近平总书记多次强调要善于运用互联网走群众路线。从更深层次看，政务大数据赋予了群众路线新时代内涵，强化了群众路线的核心价值。群众路线传统的运作路径主要表现为深入基层，到群众身边去了解民情、排解民忧，但现实情况中仍普遍存在信息流动并不十分顺畅等缺陷，影响了群众工作的效果。"知屋漏者在宇下，知政失者在草野"，政务大数据极大创新了群众路线的运作机制，更好地帮助党和政府解决政府治理和经济建设发展中碰到的各种问题，切实保障广大人民群众的各项权益，保持党同人民群众的血肉联系。

《数字中国》可以帮助我们更具体地理解总书记关于大数据的讲话精神，也能给我们的实际工作提供参考。请大家翻开这本书吧，我愿意将它推荐给大家，透过本书的文字理解大数据的价值，学会应用大数据。

刘丽萍

深圳市政协办公厅副主任

前　言
领导者要有数据决策观

互联网的蓬勃发展催生出了亚马逊、谷歌、Facebook 这样的世界级企业，也催生出了百度、腾讯、阿里巴巴这样的中国互联网独角兽。伴随互联网搜索、电子商务及社交网络的高速发展，大量的用户个人信息、结算信息、交易信息将被收集：谷歌、百度产生的搜索行为数据；Facebook、微博、QQ 产生的非结构化社交信息数据；亚马逊、淘宝产生的用户网络交易数据；此外还有基于互联网的电子政务信息数据、统计数据等。数据量的快速增长为大数据落地应用提供了坚实的基础。这些数据对政府和企业来说都是一座有待挖掘的金矿，数据背后承载的也是社会发展的价值风向标。大数据澎湃来袭，各行各业拥抱大数据是迟早的事情，如果拒绝，就可能会被淘汰。

大数据对于睿智的领导者来说，是机遇，也是挑战。他们会摒弃传统的决策和管理方式，迎接大数据时代新型管理决策模式的到来。在大数据时代，传统的决策方式已成为制约领导者有所作为和组织发展的关键因素。透过数据收集与分析的实时工作动态，政府领导者将会发现以往拍脑袋决策所遗留的病症，企业管理者也会发现制约企业发展的障碍，从而实现改善。

未来，不懂得利用大数据进行科学决策的领导者将会被淘汰。因此，无论是领导者还是基层人员都不能忽视数据的力量，要努力培养自己的大数据思维、应用数据做出决策的数据素养。

大数据的应用价值

大数据有效推动了竞争的深度和广度，同时，它也是构成竞争的重要因素。如今，大数据已经具备广泛应用的基础，并且具有无限潜力。不过，大多数人还没有做好大数据应用的准备，大数据应用仍然处于起步阶段。如何将大数据应用到决策中是组织发展的战略重点所在，对数据的洞察力也已成为政府和各类企业核心竞争力的一个重要标志。对组织内部创新而言，政府部门可以通过数据分析更加及时准确地回应社会关切的问题，为政策措施的制定提供更强有力的支撑；企业则可以通过数据分析来优化各个运营环节，辅助决策，降低成本，提高效率，进行精准管理和互动营销。

大数据将为政府和企业带来科学决策、精细化管理和服务创新的新机遇。

对于企业而言，企业领导者可以通过大数据了解每位员工的工作以及团队合作情况，员工也可以通过大数据定位自己在团队中的角色，提高工作效率，发现市场所需要的产品和机会。另外，传统企业通过分析经营过程中产生的数据，可以更加便利地体现其客户服务的价值。目前，将数据分析作为其竞争优势的企业越来越多，谷歌、沃尔玛、宝洁等世界知名企业都愿意将自己的成功归功于熟练应用数据分析。

同样，对于政府而言，大数据能为政府决策带来精准的社会价值定位：政府领导者可以通过大数据了解市民的生活和城市发展状况，市民也可以通过大数据享受智能交通带来的出行便利，享受智慧医疗带来的就医便利，更可享受经济合理发展带来的宜居环境。而政府部门信息的全面性和多样性，以及数据产生的快速性和获取的便利性也让政府决策更加便捷和高效。

与此同时，政府部门、行业、企业大幅度的数据增长以及多样化的数据结构又带来了数据处理的方法、技术以及应用场景等方面的挑战。如何适应社会环境的变化，利用信息技术从海量信息中快速获得对自身最有价值的信息，将成为经济社会发展的重点工作。我们既可以借助大数据扫描现实，透视潜在的问题，预警可能的风险，也可以用其预测未来事物的发展趋势。而用于预测事物的发展一般需要多源异构的数据支持以及复杂的数学模型、算法；但如果仅仅为了发现问题，则只需要某方面的信息或简单计算即可。

因此，大数据应用并不复杂，其核心在于内外部数据的关联和挖掘，并由此发现新知识、创造新价值，而决策中最核心的一个因素是信息收集与传递。在这一方面，决策与大数据具有高度契合性，可以说大数据是一种有效的领导者管理工具。因此，我们必须从战略着眼，充分利用大数据，灵活发挥其辅助决策的价值和潜力，使其为组织发展提供更好的服务。

用好数据话语权

数字中国建设的核心是治理现代化、治理数字化，其主要原则是政府管理决策的科学化、合理化，这是大数据时代的必然要求。大数据时代的领导决策思维是治理现代化的重要构成。

对大数据及其时代特征、大数据场景化应用以及大数据对决策思维的挑战等相关问题做全面分析，探索依靠大数据提升决策思维能力的有效途径，对全面推进国家治理体系和治理能力现代化具有重要意义。

今天，大数据已经嵌入经济社会发展的各个层面，对社会各领域，尤其对政府的决策思维产生了深刻而全面的影响。作为决策者，领导者的基本素质是能够适时领会时代精神，具备数字化素养，进一步提升整体意识和关联意识，以接受新时代的洗礼。决策既要充分运用大数据，又要理性应用大数据。任何为了显示和夸耀政绩的数据造假都会造成难以挽回的损失。大数据时代，统计数据失真或造假将变得异常困难，因为数据的采集、分类、存储以及应用方式都已经发生了质的变革。

大数据是传统数据的升级，它使定量分析作为决策前提依据的必要性大大提高。数据的定量分析必须与深入、具体的调查研究和定性分析结合起来，尤其在民心民意等意愿、价值、心理及精神层面。问卷设计、调查手段、统计渠道的不同也会造成很大的信息差异。利用大数据将经济生活方方面面的碎片化信息收集起来并加以分析，可以有效提高信息的全面性和客观性。

大数据来自经济社会生活的方方面面，来自各式各样的数据源，这使得更准确地观察了解人的行为和集体意识成为可能。但数据集合具有局限性，不能简单机械地使用，要尊重和善用智库，让不同领域的专家相互合作，以便通过数据进行更为本质、定性、系统、辩证、前瞻的分析与判断。针对目标体系进行明确、具体的主体数据筛选是决策思维的核心，这是明确的因果关系和逻辑关系在发挥作用；关联数据处于边缘部位，这是系统关系和互动关系在发挥作用。数据影响思维，思维影响数据，两者之间是一种双向的作用机制。狭隘的视野、偏颇的视角、保守的思维惯性、僵化的思想观念，都会在数据选择、数据运用和数据解读过程中导致数据扭曲。

社会分层、分工与贫富差距等本身就会造成数据源之间的差异。反腐败揭露出来的数据造假与主观故意的信息垄断和扭曲等现象说明，领导者决策面临着复杂挑战。决策思维需要警惕数据失真，预防数据陷阱和数据扭曲。数据的占有、整合、发布，与数据的真实有效性之间会有一定差距，有时甚至是很大的差距。各级决策者越来越有必要对某些深刻、尖锐、敏感的问题予以必要的关注，并辩证地加以审视，而不是简单粗暴地封号、删帖、数据作假。只要顺其自然地让发展过程中产生的庞大繁杂的数据信息逐渐成为经济社会本身的深层次构成，我们就很容易准确、快捷而且不受偏见影响地知道"是什么"，并由此探究"为什么"，许多前沿性、时效性的问题也可以触及。前瞻性和预测性的决策智慧，可以有效避免为追求政绩而急功近利的短期行为。

现在，政务信息的公开、共享是大数据无可置疑的明显效应，公开与反馈相辅相成。在政府数据公开的基础上，充分增加民众参与提供的民意和智慧含量，并且使公开的各种数据得以过滤和验证，使决策更具备被社会接受和认可的普遍基础，这也从一个侧面反映了提高决策水平的新时代要求——以人民为中心。

用好数据话语权，在大数据时代会让我们无限接近事物的真相，得到更科学的结果。

本书主旨

作为中国最早的一批大数据从业者，我从2012年起在中国统计信息服务中心（国家统计局社情民意调查中心）、国家统计局中国经济景气监测中心历任领导和专家的支持下，创新性地从零开始组建并带领团队做了一些大数据在政府、企业等领域应用的探索性尝试和实践工作。虽然经验粗浅，一些观点也不够成熟，但在此过程中，我对构建数据化决策也有了基于应用的初步理解。大数据应用于管理工作主要由六个环节（WWWHRR）构成：需要解决什么问题（What）；解决问题需要什么数据（What）；数据来自哪里（Where）；如何获取数据（How）；以及数据的研究应用（Research）和结果呈现（Result）。解决了这几个问题，大数据在决策中的应用也就游刃有余了。

数据化决策的基础是对数据的敏感，所以我在本书中正式提出了"数商"（Data Intelligence Quotient，DQ）概念，目的是希望促动大数据时代数据素养的养成，使数商成为大数据时代领导者继智商、情商、胆商之后的第四大关键要素。数商可以体现一个人在数据决策能力方面的差异化。未来我将继续带领团队对"数商"理论体系进一步细化，希望为大数据时代领导者数据素养的养成和测度提供有益参考。

从事大数据应用研究，以不辜负信任为团队文化，是源于为领导者服务、做领导者管理工具的初衷。感谢一路走来多位专家的支持和见证，感谢中国食品工业协会原秘书长、国统咨询·首页智库专委会主任黄圣明，国务院原参事任玉岭，科技部原党组成员吴忠泽，新华社副社长兼常务副总编、中国搜索总裁周锡生，国家统计局原副局长、清华大学中国经济社会数据研究中心主任许宪春，中国电子商务协会副理事长郑砚农，国家食药总局新闻司原副司长申敬旺，国家统计局科研所原所长潘璠，全国休闲标准化技术委员会主任张灵光，中国包装报社原社长马开立，清华大学计算机系副主任朱文武，西安财经学院院长胡健，曲阜师范大学党委书记戚万学，中南财经政法大学MBA副院长文豪，图数据库国产化负责人张帜，著名音乐人张行，还有众多的师长和朋友们，因为有你们的认可和鼓励，我们才能面对困难，不懈努力，沿着大数据应用之路一直走下去，并为大数据在中国的普及和应用贡献一份力量。

感谢大数据研究实验室、统计代理处合署团队伙伴们的信任和坚持，本书中有些内容也是大家共同实践的结晶。我们的努力定会在中国大数据发展历史上留下宝贵的印迹。

感谢为本书面世做出积极努力的中国人民大学出版社商业新知事业部的各位编辑朋友，因为有你们的肯定和执着，这本为提升国民数据素养、为中国大数据应用而生的图书才得以面世。

经历、阅历都是财富,亲历中国大数据发展,需要感谢的人太多,无法一一列举,我用这本书凝聚我的感恩和祝福。

大数据的一切都关乎人,大数据是空气、是水,与每个人息息相关。

探讨"如何实现大数据辅助决策""提升领导者数商""大数据应用于国家治理"等课题非常具有实践意义。数据化决策对任何一个机构来讲,带来的都是全新的痛苦变革,但我们必须勇敢面对。

目 录

01 大数据时代到来
大数据是什么 /•/ 2
大数据能做什么 /•/ 7
数据的获取与应用 /•/ 10

02 中国大数据发展素描
大数据在我国的发展历程 /•/ 18
我国大数据发展水平指数 /•/ 20
共建研究院助推"双一流"大学建设 /•/ 31
基地培育推动大数据与经济社会全面融合 /•/ 35
全新的大数据管理局 /•/ 38

03 大数据时代的管理变革
组织面临的大数据变革 /•/ 46

市场调查遭遇的尴尬 /•/ 48
你我都是管理者 /•/ 51

04 拍脑袋决策与大数据思维

拍脑袋决策的诟病 /•/ 56
大数据思维颠覆传统 /•/ 59
舆情监测与数据分析 /•/ 61
构建数据决策科学体系 /•/ 63
先有数，再做事 /•/ 65

05 大数据时代的领导者

领导工作是管理的一种职能 /•/ 68
信息扁平化成为领导者的管理利器 /•/ 70
领导干部需率先提高数据素养 /•/ 72
超级大脑与班子人才 /•/ 75

06 大数据时代的企业管理

凝聚团队的大数据"黏合剂" /•/ 78
人力资源的大数据"方向盘" /•/ 79
财务管理的大数据"贤内助" /•/ 82
大数据助力营销变革 /•/ 85
从品牌传播走向品牌对话 /•/ 87

07 大数据推动数字中国建设

打通智慧城市"最后一公里" /•/ 96

传统政务向电子政务转型　/•/ 98
政务数据的开放与应用　/•/ 102
破信息孤岛，促民生服务升级　/•/ 106
大数据支撑公共服务均等化　/•/ 108
大数据提升数字中国建设效能　/•/ 112

08　治理现代化与治理数字化

大数据为社会治理提供新思路　/•/ 118
数字监管纠正市场失灵　/•/ 121
大数据提升政府治理精细化水平　/•/ 123

09　数据安全与风险管理

政府应用大数据的挑战　/•/ 128
数据安全不可忽视　/•/ 130
网络安全法筑起公民隐私保护墙　/•/ 132
大数据对科学决策存在的隐患　/•/ 133
大数据风险管理的重要性　/•/ 134

10　大数据、大机遇、大未来

国家大数据战略布局　/•/ 140
对实施国家大数据战略的解读　/•/ 143
深化大数据在产业领域的应用　/•/ 148
大数据在"一带一路"的应用　/•/ 151

结语　如何适应大数据时代

01
大数据时代到来

Digital

China

Big Data and Government Managerial Decision

大数据是什么

大数据的概念由来

1980年，著名未来学家阿尔文·托夫勒在其《第三次浪潮》一书中，第一次提出了"Big Data"概念，但该概念当时并没有引起关注和广泛传播，直到2011年，麦肯锡全球研究院公开发布《大数据：下一个创新、竞争和生产力的前沿》研究报告，报告中正式提出"大数据时代"已经到来，"Big Data"才开始广受关注。报告称："数据已经渗透到当今每一个行业和业务职能领域，成为重要的生产因素。人们对于大数据的挖掘和运用，预示着新一波生产力增长和消费盈余浪潮的到来。"此后，随着高德纳（Gartner）技术炒作曲线和2012年维克托·迈尔-舍恩伯格、肯尼斯·库克耶联手著作的《大数据时代：生活、工作与思维的大变革》的推广，大数据（Big Data）概念才风靡全球。

2012年初，《大数据，大影响》（*Big Data, Big Impact*）在瑞士达沃斯论坛发布，报告称："数据已经成为一种新的经济资产类别，就像货币和黄金一样。"这实际上是对传统思维的一种颠覆。

同年 3 月，美国白宫科技政策办公室发布《大数据研究和发展计划》（*Big Data Research and Development Initiative*），并组建高规格的大数据指导小组，以协调和管理政府部门在大数据领域的 2 亿多美元投资，这意味着美国把大数据提升到了国家层面，并形成了全体动员的国家战略格局。当时的奥巴马政府甚至以"未来的新石油"来定义大数据，认为一个国家拥有的数据规模和运用数据的能力将成为综合国力的重要因素，而对数据的拥有和管控将成为国家间、企业间竞争和争夺的焦点。

此后，英国首相卡梅伦提出全新的"数据权"概念，再次强烈冲击了人们的思维习惯。

那么，大数据究竟是什么呢？

大多数人的第一感受是很多数据、很大规模的数据以及很难处理的数据。维基百科的定义是："大数据是指无法在一定时间内用常规软件工具对其内容进行抓取、管理和处理的数据集合。"大数据具有体量大、种类多和存取速度快等特点，涉及互联网、经济、生物、医学、天文、气象、物理等众多领域，是从各种来源（如企业、政府、产业管理部门、网络、电子邮件、视频、图像及社交媒体等）中收集到的海量数据信息的总称。全球 90% 的数据都是在过去几年产生的，而绝大部分有价值的数据仍然沉淀在政府等相关部门，目前尚未全部有序地开放。

从 20 世纪 60 年代的数据处理，七八十年代的信息应用，90 年代的决策支持模型，发展到 21 世纪初的数据存储和挖掘，直到今天才有大数据的说法。我国大部分与大数据相关的技术和分析应用则是从 2010 年左右才开始出现的，如今大数据在我国仍然处于早期发展阶段。

什么是大数据？我认为，大数据是综合利用新的技术方法对多源、异构、动态的数字资源进行规模化整合和处理，通过构成新的、复杂的逻辑结构以帮助人们解决具体问题的信息集成。大数据是以信息技术为基础的决策支持系统的演进，可以被看作统计插上了信息化的翅膀。

基于应用的大数据解释

入选国家"千人计划"、赛凡信息科技（厦门）有限公司总经理黄剑博士在2015首届大数据论坛上对大数据应用做出了自己的解释：大数据不应该仅仅是量，更主要的是数据之间的关联。原来未曾想到有关联的数据，经过大数据的分析后，产生了一些关联结果，而这些结果可能是原来想到的，也有可能是没有想到的。通过超级计算机，采用一些特殊的算法来寻找数据的关联关系，同时找出关联关系的价值，这就是基于应用的大数据解释。

将语义搜索技术、推荐算法等运用到电商平台或者媒体平台来提升用户体验可以理解为大数据应用。大家在电商平台购物时会发现，搜索和购买商品的体验越来越好，这是语义搜索技术的应用，利用数据进行文本语义分析、同义词挖掘、机器学习等，将使在线购物的交易率大幅提升，而这对于商家来说就意味着营业额的增长。同样，今日头条也是充分利用了大数据推荐算法，根据读者的浏览轨迹，计算出读者的阅读偏好，实时个性化推荐阅读内容，以提升读者的阅读体验，从而获得大量用户，并以广告等模式来实现企业的盈利和发展。

通过分析微博、微信、Twitter等社交媒体数据发现用户特征并提供精准服务可以理解为大数据应用。现在，很多消费品公司会在进行以精准营销为目的的数据分析后，借此提升品牌或产品的忠诚度和消费量。而一些商业机构往往受利益的诱惑会侵犯消费者的隐私，这一点需要特别注意。

基于 SAS 系统的实时定价机制可以理解为大数据应用。这种机制使商场、百货公司或超市可以根据顾客需求和库存的情况，对上万种商品进行实时调价，以响应市场的价格策略，保持竞争优势。

从数据结构上看，来源于网络和云的海量数据大约 80% 以上是非结构化的，尽管如此，当前的数据环境也为发现和创造价值、丰富商业智能以及支撑领导决策提供了新的机遇。当然，大数据也面临着复杂、安全和隐私风险等挑战。传统的 BI（Business Intelligence，即商业智能）已经无法满足业务发展的需要。尽管我们经常接触到大量的企业级 BI 平台，但这些传统的 BI 平台只能实现事后的报告和滞后的预测。我们应该开始构建真正能预测顾客忠诚度的模型，并基于历史交易数据，采用多个变量进行分析预测，识别出即将流失的客户或者即将成交的订单。

另外，大数据重新定义了数据管理的范围，由数据采集、转换、加载演变为净化和组织非结构化数据的新技术。新的数据管理系统旨在应对大数据带来的挑战，如分布式数据库技术是一个开源平台，是目前在管理存储和接入、高速并行处理大规模数据集等方面应用最为广泛的技术。然而，对很多中小企业或者政府部门来说，分布式数据库技术是一个挑战，这些机构往往不具备应用大数据所需的专业人员和经验，需要外部资源帮助。大数据应用需要的不是纯粹基于技术的技能，如何找到具备正确分析大数据技能的人才是实际应用面临的最大难题。对于大部分机构来说，发现和选择胜任的数据专家是困难且昂贵的。①

大数据主要来源于本地数据、互联网数据和物联网数据。本地数据无处不在，人类自从发明文字开始，就在记录各种数据。在互联网普及之前，绝大多数数据都存储在本地，不是公开的数据资源。例如，政府统计数据、居民消费数据和企业运营数据等历经多年的沉淀，数据量巨大，且开放，就将成为一座巨大的数据宝库，有待研究者们进行挖掘。随着互联网的普及，人们每天都会通过使用网络产生数以十亿计的海量互联网数据。如谷歌地图、百度地图等出现后，其产生了大量新型的代表着行为和习惯的位置数据；随着微博、Facebook、Twitter等社交媒体的兴起，用户可以随时随地在网络上分享内容，由此产生海量的用户生产数据；电子商务的热潮带来了支付行为、购买行为、物流运输等方面的数据……这些海量的互联网数据中隐藏着代表特定人群的行为和习惯，经分析挖掘后能够帮助企业准确识别出影响用户行为的因素，有效地将客户需求分级，从而能够既有创造力又有效率地满足客户需求。物联网是新一代信息技术的重要组成部分，也是信息化时代的重要发展阶段，其用户端已延伸和扩展到了在任何物品与物品之间进行信息交换和通信，因此其数据量规模、数据生成频率、数据传输速率、数据多样化、数据真实性等均优于传统互联网。大数据的发展离不开物联网，物联网为大数据提供了足够且有利的数据资源，大数据技术也推动着物联网的发展。

---

① 高常水，江道辉，蒋钦云.大数据在政府部门的应用[J].物联网技术，2014（6）：6-10.

大数据能做什么

目前，我国的国家统计局已经将大数据应用到了政府统计工作中，统计科研所基于大数据的房地产价格指数预测、北京市的流动人口监测、中国统计信息服务中心的品牌口碑综合评价等都取得了较好的效果。在金融投资领域，金融机构在做中小企业小微贷款时，往往会在贷款方没有厂房做抵押的情况下，考虑该企业的信用体系是不是值得贷款机构放出贷款，这些都是需要靠数据进行评估的。社会化研究就更不用说了，现在有很多社会化课题完全可以采用来自互联网或其他数据源的方式来实现数据采集和研究。而将大数据应用到管理决策时，最先受益的就是政府和各行各业的领导者。大数据能帮助领导者更有效地进行管理，让每一位领导者都可以拥有创新管理和决策模式的优势，并做出更科学的决策。

大数据是一个促进社会全面融合的生态圈，不能简单理解为数据或者产业，经济社会的方方面面都会与大数据产生交集。

通过预测模型对特定用户进行动态的营销活动是大数据应用的场景之一。欧洲的博彩业、香港马会可以使用软件分析数十亿计的交易以及客户特性来指导下注和预测结果。海尔集团已经与中国统计信息服务中心大数据研究实验室（首页大数据）达成合作，共建智能家电大数据实验室。通过其售后服务平台和质量投诉平台收集所有用户对海尔产品的投诉和反馈数据，然后对内外部数据进行分析挖掘，对其系列产品进行更全面的数据监控，并进行主动的维护以降低整体能耗、提升用户满意度、提升品牌口碑；同时更好地实现以服务促发展，通过分析数据发现用户的偏好、消费习惯和消费能力，从而指导企业进行动态的客户维护与目标营销。

基于地震预测算法对犯罪数据进行分析，以此来预测犯罪发生的概率是大数据应用的又一个场景。在美国洛杉矶运用该算法的地区，盗窃罪和暴力犯罪发生概率明显下降。在中国，首页大数据尝试采用预测算法，对影响社会安全的感知数据进行分析，以此来预测防范社会风险以及评估各个地区的安全感水平。四川省社情民意调查中心已经将该类数据集应用于当地的安全感调查研究，使群众感受更具体、精准，也让社会风险管理的线索更加清晰，这个应用也取得了不错的效果。

大数据还能够通过视频分析自动调整等候时间或者显示内容。北京、上海等超大型城市的交通拥堵已经严重影响了百姓的出行和城市生活体验，交通管理部门可以通过视频分析十字路口等候过街的行人队伍长度及车辆长度，然后自动变化红绿灯等候时长来疏导交通，如果无人在过马路，而车又在等红灯，则可以自动切换为绿灯，保证车辆顺利通行，减少车辆拥堵。另外，快餐店可以根据点餐人数排队的长度进行识别和分析，以自动显示电子菜单内容。如果队列较长，则显示可以快速供给的食物；如果队列较短，则显示那些利润较高但准备时间相对长的食品。①

中国海关的"电子口岸"整合了工商、税务、海关、外贸、外汇、银行、公安、交通、铁路、民航和国检等十几个部门的数据。数据之间实时的联网分析，使"电子口岸"在加快报关速度、高效打击不法分子的同时，更成为中国经济的"气象预报台"，能够为国家宏观经济调控提供非常精细、全面的决策支持。②

---

① 赵婀娜.寻找新的文化传播路径[N].人民日报，2014-08-21.
② 杜小勇，冯启娜."数据治国"的三个关键理念——从互联网思维到未来治理图景[J].人民论坛·学术前沿，2015，（1）下：49-61.

互联网催生信息化时代，信息化又成就了大数据时代。2004年起，以Facebook、Twitter、微博等为代表的社交媒体相继问世，开启了互联网的崭新时代。在此之前，互联网的主要作用是信息的传播和分享，其最主要的组织形式是网站，但网站是静态的。进入互联网新时代之后，网络开始成为人们实时互动交流的载体，世界变得扁平化。2011年8月23日，美国弗吉尼亚州发生5.9级地震，纽约市居民首先在Twitter上看到了这个消息，几秒钟之后，人们才感觉到地震波传来。社交媒体把人类信息传播的速度带入了比地震波还要快的时代。[①]

现在，浏览器也早已经不是访问互联网的唯一方式。以前访问互联网要靠电脑或者笔记本电脑，现在几乎每个人都有智能手机。智能手环、智能眼镜以及GPS导航等各种智能电子设备也都成了访问互联网的方式。反过来说，这些访问也成了数据产生的方式和来源，每个人的数据通过这些途径产生并被收集。

随着信息技术的发展，移动互联网、社交网络、云计算、区块链等新概念相继进入人们的日常工作和生活中，全球数据量呈爆炸式增长。数据已经成为企业生产经营的基本要素，通过大数据分析用户行为，有助于企业在技术和创新经营模式上更加贴近消费者，从而改善企业经营水平，提升效率，这将是现代企业的核心竞争力所在。如今，世界各地时刻都在产生海量的数据，永远不停息，海量的数据不断地被收集、交换、管理、分析和整合，成为全球经济社会的重要组成部分。而在这其中，企业是应用大数据产生价值最直接的受益者。大数据时代，企业要想在竞争中立于不

---

① 涂子沛. 大数据及其成因 [J]. 科学与社会, 2014, 4 (1): 14-26.

败之地，就不仅要掌握更多更优质的数据，还要有足够的决策领导力和科学的管理体系。

大数据所积蓄的价值掀起了一场商业模式和管理模式的深刻变革，面对"大数据"的挑战，人们必须顺势而为。

数据的获取与应用

大数据的形态

应用大数据要从应用小数据开始，这就需要培养对数据的敏感度。大数据是从小数据逐渐演变而来的，是一个正常的发展生态。对组织来说，要将大数据变成自身的一种竞争力，必须建立自己的数据系统。首先，要找到内部的核心数据。核心数据现在对很多企业来说实际上就是自己的用户系统，这是最重要的。其次，找到外部的相关数据并进行采集。再次，根据需求获取常规渠道的数据。最后，采集外部的社会化或者非结构化的数据，即现在所谓的社会化媒体数据。如果从数据形态来说，我们也可以通过商业数据、交互数据及物联网数据来帮助理解大数据。

商业数据。商业数据是指从企业 ERP 系统、POS 终端及网上支付系统等业务渠道产生的数据，也是现在商务大数据应用最主要和最传统的数据来源。在线电子商务方面，电商平台会追踪消费者的购买记录、浏览记录、页面停留时间、运输方式的选择、用户营销反馈和个人详细信息等大量信息，通过对这些数据的收集、整理和分析，亚马逊、京东、阿里巴巴等电商平台可以优化产品结构、开展精准营销和快速发货。沃尔玛已经在传统零售链中把每个产品数据化，消费者的购买清单、消费额、购买日期、购买当天天气和气温也可以数据化,通过对消费者的购物行为等非结构化数据进行分析,发现商品关联,优化商品陈列;通过分析消费者的购物数据,可以将风马牛不相及的啤酒和尿布产品进行捆绑销售。沃尔玛不仅收集这些传统的商业数据,还将数据收集的触角伸向社交网络。当客户在 Facebook 或 Twitter 谈论某些产品或者表达某些喜好时,这些数据都会被沃尔玛记录下来并加以利用。如今,沃尔玛已经能够根据消费者在社交媒体上的发言来优化消费者所在地区超市的产品结构,并且还能帮助消费者标出其所谈论产品在超市中的位置。

交互数据。互联网中的数据极其混杂,大部分都是难以被利用的。社交网络数据所记录的大部分内容都是用户在做什么、想什么以及对什么感兴趣,同时记录着用户的性别、年龄、地址、职业、教育背景、兴趣等。谷歌公司前 CEO 拉里·佩奇(Larry Page)被称为世界上最厉害的数据科学家。谷歌在十多年前就已经开始收集数据并分析,以构建产品。谷歌的取景车会带着全景摄像头满世界跑,收集世界绝大部分城市的街景图;三维红外线照相机完成了数千万图书的扫描……通过对数据的不断收集和利用,谷歌公司的搜索、翻译、广告、音乐等产品都得到了海量数据的支撑,并获得了用户的肯定和好评。此外,谷歌公司还收集用户在进行搜索时打错的字,并将这些错误存储起来,与最后正确的输入进行联系,以用于开发谷歌自动更正系统和谷歌翻译。对用户的行为轨迹进行分析和应用,也使得谷歌成为名副其实的大数据应用公司。

Facebook、微博、微信已经存储了数十亿用户分享的个人信息,例如性别、年龄、兴趣等,个人的生活时间轴则记录下个人的生活故事,在通过个人的基础信息和时间轴轨迹获取了海量数据后,这些社交工具就如同用户的记忆,清楚地记得过去和现在,并预测着用户的未来;与此同时,我们发现,这些社交工具的使用对于用户来说都是免费的,但商家可以通过数据分析来接触潜在目标顾客,从而实现精准有效投放广告,这也成为其获取利益的有效模式之一。此外,用户在使用这些应用的时候,留下的数据越多,这些公司就越了解用户,投放的广告也就会越精准,这也是大家经常听到的"羊毛出在猪身上"的商业故事的惯用模式。

物联网数据。未来最有想象力的数据收集途径将是由传感器群组成的物联网数据。传感器已经广泛分布在很多地方,如办公室、家庭、交通系统、工厂和供应链、智能手机、可穿戴电子设备等,它可以追踪物件的位置、热量、振幅、压力和声音等数据。例如,将传感器放置在牧场的牛身上,可以随时监视牛群中个体牛的状态。当某一头牛生病或者怀孕的时候,传感器会将信息发给农场主,而农场主就可以及时采取相应的措施。传感器的增长数量和极限容量都是非常惊人的。传感器产生的数据量将超过社交网络,成为第二大数据源。

大数据的应用对象

如图 1-1 所示,中国统计信息服务中心大数据研究实验室(首页大数据)总结得出,在我国,大数据应用主要体现在企业、政府以及研究机构三个对象上。通过这三个对象,大数据的融合价值将覆盖经济社会生活的方方面面。

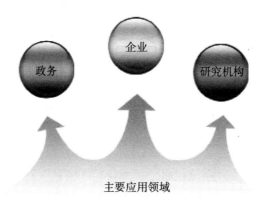

图1-1 国内大数据应用领域

企业：基于追求利润最大化的目的

目前来看，我国数据资源总量不足，这更多的是由于我国企业在数据方面的封闭性造成的。相关调查表明，我国一半以上的企业数据量在200TB以上，大部分企业在50TB～500TB之间，1/3的企业使用了很多的外部数据和互联网数据。随着企业管理思维的转变和大数据带来的企业管理及运营模式的变革，我国企业的数据资源总量和数据质量将会进一步提升，大数据在企业中的应用会愈发重要。企业维持或发展自身的竞争优势，创造令消费者满意的价值，其主要渠道就是通过提供产品和服务获取利润。

1. 精准营销满足用户需求

精准营销的重点是如何应用大数据更好地了解用户及其爱好和行为。为了更加全面地了解客户，企业非常喜欢收集社交数据、浏览器日志、评论文本和传感器数据，并根据需求创建数据模型进行分析预测。一个较为熟悉的案例就是，美国零售商塔吉特百货通过大数据分析精准预测到客户在什么时候想要小孩。与此类似，通过大数据的应用，电信公司、银行、保险公司等可以更好地预测出将要流失的客户，沃尔玛等消费品企业则可以更加精准地预测哪个产品会大卖，汽车厂商、保险行业会了解客户的需求和驾驶水平，而政府也能了解公众的偏好和真实想法。

2. 业务流程优化

我们可以通过对社交媒体数据、网络搜索数据、行为轨迹的分析挖掘出有价值的信息，来帮助优化业务流程，其中较为广泛的应用就是根据地理定位和无线电频率的识别追踪货运车，以及利用交通路线的实时数据制定更优路线，以达到供应链及配送路线的优化。目前我国高速公路上的汽车、货车基本上都有实时路况指导信息，而百度地图、高德地图更是得到司机们的娴熟应用。人力资源业务也是较好的大数据应用领域，企业HR或者人力资源类网站可以通过大数据分析优化人才招聘流程，精准匹配简历与职位。

3. 智慧金融交易

新媒体的特点是传播快速、及时，影响范围大，而金融交易是大数据的主要应用战场，很多股权交易都是利用大数据算法制定交易决策的。随着互联网的快速发展，现在人们已经越来越多地考虑了社交媒体和网站新闻的影响，利用适合的算法来预测及决定是否买入或卖出。

政府：基于改善和提升公共服务的目的

大数据政务是大数据应用的重要领域，大数据在国家治理和社会治理中所处的地位愈发重要。以数据为社会治理的核心维度，叠加在三维空间、一维时间之上，成为"五维政府"。互联网平台企业利用云计算、大数据的强大技术能力，汇聚远超传统企业规模的海量数据，与政府的历史权威统计数据形成优势互补，"互联网应用＋云数据平台＋政府治理"将成为未来社会具有代表性的共治模式。① 政府是维持国家稳定、确保公民基本权利、实现可持续发展、促进经济增长的执行组织。大数据催生政府管理和公共治理新变革，是经济增长和转型升级的强劲动力。我国拥有丰富的数据资源和应用市场优势，以及全球最具潜力的市场应用能力，具备成为数据大国和数据强国的基础，而尽快在大数据提升政府治理能力方面取得突破是当前的一项重要任务。

1. 社会治理，诚信建设

大数据现在已经广泛应用于社会治理，尤其在安全执法方面。在公安部门内大数据最普遍的应用就是辅助抓捕罪犯，而大多数的商业企业则可以应用大数据方法和技术辅助经营，也可以应对网络攻击，银行业、担保业的征信早就将大数据作为重要手段予以应用。

2. 智慧城市，智慧生活

智慧城市成为新型城市的追求，我国很多城市都在进行智慧城市的建设以及大数据的分析和试点。基于城市实时交通数据、利用社交网络数据和天气数据来优化最新的交通情况，智能交通让现代化城市的堵车情况得到了有效缓解；基于卫星数据的天气预报、GPS 导航等使我们的生活更便利……不再神秘的大数据正越来越多地应用到百姓的日常生活中。各个城市争相让百姓实现智慧生活，交通、医疗逐步实现智能化，而这些必须以

---

① 高红冰.论大数据时代的"五维政府"[N].中国工商报，2015-07-21.

数据为基础。

3. 立法支撑，助力决策

在数字中国建设的过程中，深入挖掘大数据的潜在价值，利用云计算等技术对海量信息进行研究，可以为相关决策的制定提供科学支撑。如对婴幼儿乳粉进行"信息动态＋抽检信息＋产品信息"的综合分析判断，可以助力部门领导动态把握对于该行业的监管，发现问题，并决定是否继续进行重点监管。如果数据足够，也可以清楚地分析出某个区域的产业现状，与全国比较，与自身纵向比较，让产业发展更客观，更有利于区域发展而不至于出现重复建设、重复投资的情况。

研究机构：通过数据量化促进成果应用的目的

与欧美国家将大数据迅速应用到各个行业不同，目前，我国大数据研究的主要作用体现在经济研究、医疗、环境保护及教育研究方面，同时，我国也加快了研究向实践的转变速度。传统研究机构大多在理论方面卓有成效，但尴尬的是很多研究者，包括高校的教授、研究机构的专家，所努力做出来的研究成果，多数是以论文或著作的方式呈现，因为研究过程中很少有实践场景参与的机会，成果要么落不了地，要么是过程中问题很多。大数据时代可以帮助研究者的是，在一切皆可量化的基础上，研究者可以与数据机构联手，基于实际应用场景对其进行实践验证，提高研究成果的价值。

02

中国大数据发展素描

Digital

China

Big Data and Government Managerial Decision

大数据在我国的发展历程

2012年12月27日,时任国家统计局局长的马建堂在全国统计工作会议上对"大数据时代"进行解读,并就政府统计部门如何应对大数据时代的机遇和挑战提出明确的要求。这是我国官方首次直面大数据时代的到来。

2012年12月30日,中国科学院院长白春礼院士在"中国科学与人文论坛"上呼吁,中国应制定国家大数据战略。白春礼提出,中国制定国家大数据战略的主要内容应包括:构建大数据研究平台,突破关键技术;构建大数据良性生态环境,制定支持政策,形成行业联盟,制定行业标准;构建大数据产业链,促进创新链与产业链的有效嫁接。

2013年1月19日,为响应白春礼院士的呼吁,由成思危教授(已故)、李国杰院士发起,在中国科学院虚拟经济与数据科学研究中心举办的"大数据背景下的计算机和经济发展高层论坛"上,包括多位院士在内的国内外40余位学者和有着大数据应用实践经验的政府部门代表和企业代表积极讨论大数据的应用价值,与会者一致呼吁将大数据发展上升到国家战略层面。会议组织者石勇教授认为,大数据的应用在于分析和创造价值。政府部门可以利用大数据的挖掘结果,用科学方法制定政策;企业可以利用大数据使利润最大化;学者则可以利用大数据寻找科学规律,支持社会经济发展。

2014年3月,"大数据"首次被写入《政府工作报告》,国务院总理李克强在多个场合提及这一"热词"。对于国家治理,大数据起到的作用是战略性的。部分地方政府敏锐地觉察到大数据的机遇来临,上海、广东、贵州、陕西等省市提出了发展大数据的规划,以打造大数据在地方的相关产业。

2015年3月,李克强总理在第十二届全国人民代表大会第三次会议和政协第十届全国委员会第三次会议上提出"互联网+",肯定了大数据应用的战略意义,在全国上下引起了热烈反响。人们开始发现互联网、大数据真正的潜力:它可以用在国家治理的各个层面,包括国家安全、政府统计、经济预测、舆情监测,也可以用于金融投资、社会研究,而更多的则可用在政府管理决策上,例如事前决策辅助、事中履职监督、事后效果评估。

2015年10月,党的十八届五中全会开启了大数据建设的新篇章,大数据在我国第一次被写入党的全会决议中,五中全会公报提出要实施"国家大数据战略",这标志着大数据正式上升为国家战略。此后,各地、各部门相继推出与大数据发展有关的政策措施,大数据被迅速推广。

目前,我国大数据正在步入发展期,大数据将为社会经济发展提供更广泛有力的支撑,并有望在"十三五"期间带动万亿元市场规模的IT服务业转型。随着国家各项政策的出台落实以及地方政府推动政务信息资源共享开放的进程加快,大数据在政务领域的应用将会逐步深化,成为提高宏观调控、市场监管、公共服务有效性的重要手段,有力支撑政府行政服务效能的提升和社会治理手段的优化。政务大数据将进一步提升政府服务效能和社会治理水平。

我国大数据发展水平指数

大数据产业发展态势良好

1. 大数据产业发展态势稳中有进

由图2-1可以看到,2017年上半年,我国大数据产业发展水平指数为65.11,我国大数据产业发展态势稳中有进。

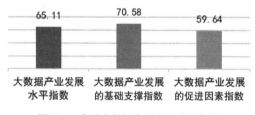

图2-1 我国大数据产业发展水平指数

其中,2017年上半年,我国大数据产业发展的基础支撑指数为70.58,较上期的68.20有所上升,大数据产业发展的支撑基础越发牢固。经济的平稳发展为大数据产业的发展提供了有力支撑。2017年上半年,我国国内生产总值为38.15万亿元,按可比价格计算,同比增长6.9%。面对增长乏力的国际经济形势及国内产业结构调整转型升级带来的压力,国民经济运行总体平稳、稳中有进的态势表明,我国支撑大数据产业发展的经济基础更加雄厚。并且近年来,我国高素质人才稳步增加。2016年全国各类高等教育在学总规模达到3699万人，高等教育毛入学率达到42.7%，其中，在学博士生为34.2万人，在学硕士生为163.90万人，这些为大数据产业的发展打下了良好的智力基础。

2017年上半年，我国大数据产业发展的促进因素指数为59.64，较上期的57.51有所上升，促进大数据产业发展的因素不断优化。大数据产业发展方面的政策引导力度加大，为产业的发展创造了良好的政策环境。各省区市也在不断加大政策的支持力度，从存储、计算、人才、应用等与大数据相关的领域入手，推进大数据产业的跨越式发展。不仅如此，各省区市还积极运用多种形式、多种渠道宣传大数据产业发展和实践应用等相关内容，为产业发展营造了良好的舆论环境。

2. 大数据产业发展要素仍不均衡

从图2-2中可以看出，在指数构成方面，基础支撑和促进因素两个维度对大数据产业发展水平指数的贡献分别占54.2%和45.8%。虽然两个要素的构成仍不均衡，但与上期相比，促进因素维度占比有小幅上升，说明各省区市在促进大数据产业发展的针对性领域和措施方面有了进一步加强，并优化了相关产业布局、相关学科人才培养，细化了相关领域政策支持以及引导媒体合理宣传等。

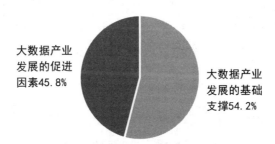

图2-2 我国大数据产业发展水平指数构成

北京、广东大数据产业发展水平领先

图 2-3 显示，在 2017 年上半年各省区市大数据产业发展水平指数中，北京、广东、上海、浙江、江苏、山东、四川、贵州均超过 70，分别为 83.17、78.69、78.24、76.63、72.77、71.21、70.76、70.31；天津、湖北、福建、河北、河南分别为 69.95、69.24、66.92、66.48、65.88，均低于 70 但高于 65.11 的全国水平；辽宁、重庆、陕西、湖南、安徽、吉林、山西、黑龙江、江西、广西均高于 60 但低于全国水平，分别为 65.06、64.91、64.35、64.06、62.99、61.62、61.30、61.28、60.79、60.17；其余省区市的大数据指数均低于 60，西藏低于 50。总体来看，在全国 31 个省区市中，13 个省区市的大数据指数高于全国水平，占比 41.9%，较上期比例有所下降，地区大数据产业发展差距有增大的趋势。

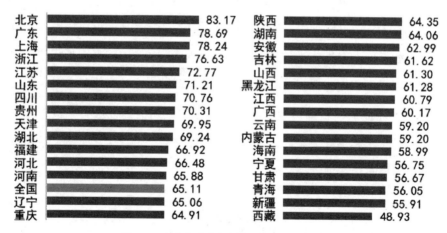

图 2-3　各省区市大数据产业发展水平指数

1. 29 个省区市产业发展基础支撑优于促进因素

从图 2-4 的构成来看，大数据产业发展水平指数较高的地区，其基础支撑指数和促进因素指数相对均衡；指数较低的地区，基础支撑指数和促进因素指数之间差距较大。从比例来看，在31个省区市中，四川、贵州的基础支撑指数低于促进因素指数。四川省的两个因素指数比重差距最小，说明该省在大数据产业发展方面比较务实，促进大数据发展的因素与自身经济社会发展的融合性较好。在北京、广东、上海、浙江和江苏等大数据产业发展水平指数较高的地区中，北京市的均衡性最佳，其基础支撑指数和促进因素指数比重差距不大，湖北的结构与北京相似；其次为浙江；再次为上海、广东、江苏。在指数构成中，基础支撑指数和促进因素指数比重差距最大的为西藏，其基础支撑指数的比重达到了61.6%。

省区市	基础支撑	促进因素	省区市	基础支撑	促进因素
北京	50.7%	49.3%	陕西	54.2%	45.8%
广东	54.8%	45.2%	湖南	54.1%	45.9%
上海	53.9%	46.1%	安徽	54.8%	45.2%
浙江	52.7%	47.3%	吉林	53.6%	46.4%
江苏	54.9%	45.1%	山西	55.7%	44.3%
山东	53.8%	46.2%	黑龙江	54.9%	45.1%
四川	49.6%	50.4%	江西	55.6%	44.4%
贵州	46.5%	53.5%	广西	56.0%	44.0%
天津	54.6%	45.4%	云南	55.9%	44.1%
湖北	50.9%	49.1%	内蒙古	56.0%	44.0%
福建	54.4%	45.6%	海南	55.8%	44.2%
河北	53.1%	46.9%	宁夏	56.3%	43.7%
河南	53.9%	46.1%	甘肃	55.1%	44.9%
全国	54.2%	45.8%	青海	55.8%	44.2%
辽宁	54.4%	45.6%	新疆	58.6%	41.4%
重庆	54.0%	46.0%	西藏	61.6%	38.4%

■ 大数据产业发展的基础支撑　　■ 大数据产业发展的促进因素

图2-4　各省区市大数据产业发展水平指数构成

2. 经济发达地区大数据产业发展水平指数较高

大数据产业发展水平指数较高的省区市主要分布在长三角、珠三角以及环渤海地区，西南部的四川和贵州也较为突出。

3. 广东、上海、北京、浙江为产业发展奠定了坚实的基础

在图2-5中所示的2017年上半年各省区市基础支撑指数中，广东、

上海、北京、浙江均超过 80，分别为 86.24、84.39、84.29、80.75；江苏、山东、天津、福建、河南、辽宁、河北、湖北、重庆、四川基础支撑指数分别为 79.96、76.66、76.39、72.81、70.98、70.77、70.62、70.55、70.16、70.16，均低于 80 高于 70；共有 20 个省区市的基础支撑指数低于全国水平，占全部 31 个省区市的 64.5%，其中，湖北、四川、重庆等省市指数与全国水平差距不大。

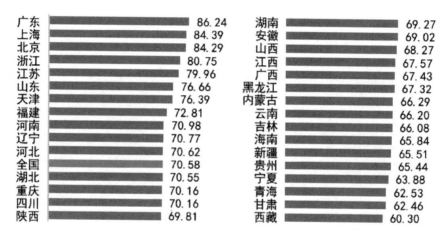

图 2-5 各省区市大数据产业发展的基础支撑指数

从图 2-6 所示的基础支撑指数构成来看，山东各维度比重较均匀，均衡性最佳；上海以其在港口、航空物流、对外贸易等方面的优势，在效率水平方面全国最高，比重达到 26.2%；江苏的规模水平比较突出，比重为 29.0%；北京和浙江的基础支撑指数构成相似，规模水平、可持续性比重较高，效率水平和稳定性比重相当；广东的规模水平与效率水平比重相当，且可持续性与稳定性比重相当。

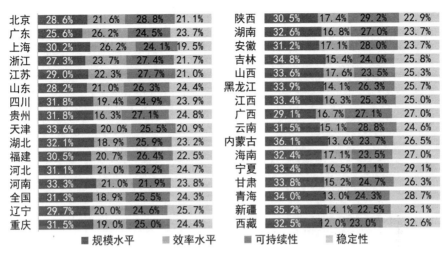

图 2-6 各省区市大数据产业发展的基础支撑指数构成

4. 北京、贵州、浙江大力推动产业发展

如图 2-7 所示，北京、贵州、浙江、上海、四川、广东大数据产业发展的促进因素指数均超过 70，分别为 82.05、75.17、72.51、72.10、71.36、71.14；湖北、山东、江苏、天津、河北、福建、河南等省份的促进因素指数分别为 67.93、65.77、65.57、63.50、62.34、61.03、60.78，均高于 60 但低于 70；重庆的促进因素指数低于 60，但高于全国平均水平的 59.64；辽宁、陕西、湖南、吉林、安徽、黑龙江、山西、江西、广西、云南、海南、内蒙古、甘肃等地的促进因素指数低于全国水平但高于 50；其余省区市的促进因素指数均低于 50，其中，西藏的促进因素指数低于 40，为 37.55。总体来看，促进因素指数高于全国水平的省区市为 14 个，占全部的 45.2%；北京的促进因素指数为西藏的 2 倍以上，说明各省区市在促进大数据产业发展的硬件（即相关产业的聚集和人才储备等自然禀赋）方面的差异性较大，在促进大数据产业发展的软件（即相关的政策措施和舆论宣传等）方面的差距也较大。

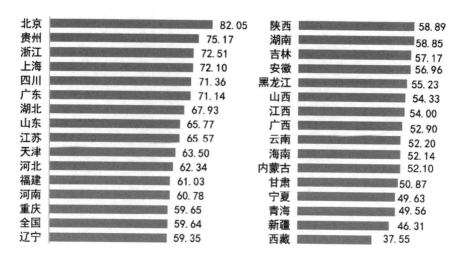

图 2-7　各省区市大数据产业发展的促进因素指数

从图 2-8 所示的构成来看，各省区市特点各异。在各维度中，北京的产业环境维度比重最高，达到了 29.5%，人才储备维度比重与产业环境相差不大，比重为 29.4%；江苏的人才储备维度比重比较突出，达到了 34.0%，其次为政策措施维度和产业环境维度，比重分别为 29.3% 和

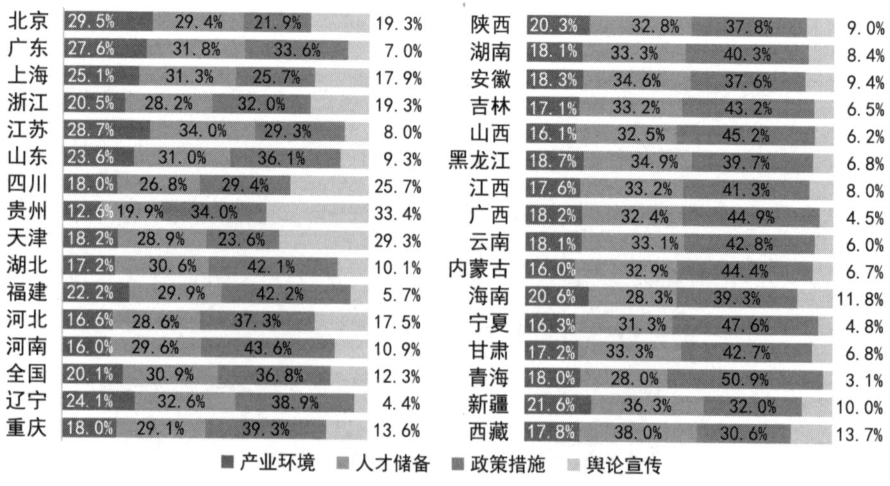

图 2-8　各省区市大数据产业发展的促进因素指数构成

28.7%；青海的政策措施维度比重最高，为 50.9%；贵州的舆论宣传维度比重全国最高，为 33.4%，其次为政策措施维度和人才储备维度，比重分别为 34.0% 和 19.9%。总的来看，随着促进因素指数的降低，维度比重集中化趋势就越发明显，均存在单个维度比重接近或超过 50% 的情况。

深圳、广州产业发展水平高于其他城市

如图 2-9 所示，在 2017 年上半年主要城市大数据产业发展水平指数中，深圳和广州的指数较高，分别为 81.28 和 79.06；武汉、成都、南京、杭州的指数均高于 70，分别为 75.44、74.81、72.47、72.00；西安、青岛、济南、长沙、郑州、厦门、长春、宁波、苏州、贵阳、福州的指数均高于 60 但低于 70，分别为 68.29、67.66、65.78、65.15、63.99、63.54、63.29、63.25、62.83、62.24、61.15。

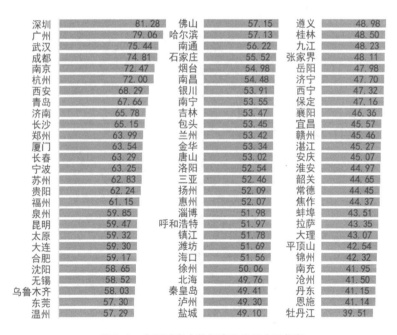

图 2-9 主要城市大数据产业发展水平指数

1. 多数城市产业发展促进因素优于基础支撑

如图 2-10 所示,在主要城市大数据产业发展水平指数构成中,有 42 个城市的促进因素指数比重高于基础支撑指数,占本次研究所涉及的 81 个城市的 51.9%。大数据产业发展水平排名前 10 的城市的指数构成均表现为促进因素占比高于基础支撑,说明这些城市在自身良好基础的支撑下,采取了许多推进大数据产业发展的措施。

城市	基础支撑	促进因素	城市	基础支撑	促进因素	城市	基础支撑	促进因素
深圳	49.1%	50.9%	佛山	53.8%	46.2%	遵义	49.6%	50.4%
广州	45.1%	54.9%	哈尔滨	45.2%	54.8%	桂林	47.4%	52.6%
武汉	44.8%	55.2%	南通	54.9%	45.1%	九江	50.3%	49.7%
成都	41.9%	58.1%	石家庄	46.5%	53.5%	张家界	45.1%	54.9%
南京	45.7%	54.3%	烟台	51.9%	48.1%	岳阳	53.8%	46.2%
杭州	48.4%	51.6%	南昌	48.4%	51.6%	济宁	53.0%	47.0%
西安	48.7%	51.3%	银川	52.4%	47.6%	西宁	52.3%	47.7%
青岛	46.0%	54.0%	南宁	48.5%	51.5%	保定	48.2%	51.8%
济南	46.1%	53.9%	吉林	43.5%	56.5%	襄阳	51.3%	48.7%
长沙	47.4%	52.6%	包头	54.5%	45.5%	宜昌	53.5%	46.5%
郑州	45.6%	54.4%	兰州	47.3%	52.7%	赣州	50.7%	49.3%
厦门	47.8%	52.2%	金华	57.8%	42.2%	湛江	49.0%	51.0%
长春	55.0%	45.0%	唐山	49.2%	50.8%	安庆	50.6%	49.4%
宁波	48.3%	51.7%	洛阳	49.6%	50.4%	淮安	51.3%	48.7%
苏州	53.9%	46.1%	三亚	49.4%	50.6%	韶关	50.1%	49.9%
贵阳	47.5%	52.5%	扬州	51.8%	48.2%	常德	50.2%	49.8%
福州	46.5%	53.5%	惠州	51.2%	48.8%	焦作	50.8%	49.2%
泉州	55.2%	44.8%	淄博	48.3%	51.7%	蚌埠	52.3%	47.7%
昆明	49.4%	50.6%	呼和浩特	52.2%	47.8%	拉萨	47.4%	52.6%
太原	48.0%	52.0%	镇江	53.0%	47.0%	大理	49.9%	50.1%
大连	48.7%	51.3%	潍坊	55.9%	44.1%	平顶山	47.4%	52.6%
合肥	46.9%	53.1%	海口	46.3%	53.7%	锦州	49.8%	50.2%
沈阳	43.6%	56.4%	徐州	50.8%	49.2%	南充	50.3%	49.7%
无锡	51.0%	49.0%	北海	51.8%	48.2%	沧州	45.1%	54.9%
乌鲁木齐	53.4%	46.6%	秦皇岛	53.6%	46.4%	丹东	52.2%	47.8%
东莞	52.3%	47.7%	泸州	51.3%	48.7%	恩施	51.0%	49.0%
温州	49.5%	50.5%	盐城	50.8%	49.2%	牡丹江	52.6%	47.4%

■ 大数据产业发展的基础支撑 ■ 大数据产业发展的促进因素

图 2-10 主要城市大数据产业发展水平指数构成

2. 深圳为大数据产业发展奠定了良好基础

如图 2-11 所示,在基础支撑维度方面,深圳的指数表现突出,为 79.80,广州的指数为 71.36,两个城市的指数均高于 70。这说明两个城市的自身基础能够为大数据产业发展提供良好的支持平台。而深圳在基础支撑的四个方面的指数均比较高,且较为均衡。

城市	指数	城市	指数	城市	指数
深圳	79.80	烟台	57.09	西宁	49.49
广州	71.36	太原	56.94	宜昌	48.73
长春	69.68	福州	56.90	遵义	48.61
杭州	69.65	温州	56.66	九江	48.51
苏州	67.68	银川	56.47	海口	47.74
武汉	67.59	合肥	55.48	襄阳	47.54
西安	66.56	镇江	54.90	吉林	46.57
南京	66.17	呼和浩特	54.26	淮安	46.15
泉州	66.03	扬州	53.95	赣州	46.13
成都	62.76	惠州	53.30	桂林	46.02
青岛	62.23	秦皇岛	52.94	安庆	45.66
乌鲁木齐	62.03	南昌	52.74	蚌埠	45.50
长沙	61.81	唐山	52.20	保定	45.48
南通	61.76	洛阳	52.12	焦作	45.08
金华	61.70	南宁	51.90	韶关	44.77
佛山	61.54	三亚	51.83	常德	44.60
宁波	61.12	石家庄	51.66	湛江	44.37
厦门	60.77	岳阳	51.63	张家界	43.36
济南	60.67	哈尔滨	51.63	丹东	42.99
东莞	59.91	北海	51.55	大理	42.98
无锡	59.71	沈阳	51.14	南充	42.17
贵阳	59.14	徐州	50.82	锦州	42.14
昆明	58.73	泸州	50.59	恩施	41.96
郑州	58.32	兰州	50.55	牡丹江	41.56
包头	58.31	济宁	50.52	拉萨	41.13
大连	57.80	淄博	50.20	平顶山	40.32
潍坊	57.77	盐城	49.87	沧州	37.40

图 2-11 主要城市大数据产业发展的基础支撑指数

3. 成都大力推动大数据产业发展

如图 2-12 所示,在促进因素维度方面,成都、广州、武汉、深圳的促进因素指数高于其他城市,分别为 86.87、86.75、83.30、82.77。通过进一步分析各城市大数据产业发展的促进因素指数构成得出,成都在产业环境方面优于深圳;广州则在人才储备、政策措施和舆论宣传方面优于成都;武汉在人才储备方面有一定的优势;深圳则在舆论宣传方面较为突出;南京、杭州、青岛、济南、西安等城市的促进因素指数在 70 至 80 之间。南京和杭州在促进因素指数构成方面相似,均是在舆论宣传维度方面尤为亮眼,在与大数据相关的产业环境方面存在不足。

成都	86.87	兰州	56.29	北海	47.98
广州	86.75	南昌	56.22	九江	47.94
武汉	83.30	海口	55.37	湛江	46.17
深圳	82.77	南宁	55.20	秦皇岛	45.88
南京	78.77	东莞	54.70	潍坊	45.61
杭州	74.34	乌鲁木齐	54.04	沧州	45.59
青岛	73.09	唐山	53.84	拉萨	45.57
济南	70.89	淄博	53.76	襄阳	45.19
西安	70.03	泉州	53.66	西宁	45.16
郑州	69.66	三亚	53.09	金华	44.99
长沙	68.49	洛阳	52.96	济宁	44.88
厦门	66.31	烟台	52.87	赣州	44.79
沈阳	66.17	张家界	52.86	平顶山	44.75
福州	65.40	佛山	52.75	韶关	44.53
宁波	65.37	银川	51.35	安庆	44.49
贵阳	65.35	桂林	50.98	岳阳	44.32
合肥	62.86	惠州	50.85	常德	44.30
哈尔滨	62.62	南通	50.68	淮安	43.79
太原	61.70	扬州	50.22	焦作	43.67
大连	60.81	呼和浩特	49.68	大理	43.17
吉林	60.37	遵义	49.35	锦州	42.49
昆明	60.22	徐州	49.30	宜昌	42.40
石家庄	59.39	保定	48.84	南充	41.72
苏州	57.97	镇江	48.66	蚌埠	41.52
温州	57.91	包头	48.59	恩施	40.33
无锡	57.34	盐城	48.34	丹东	39.30
长春	56.90	泸州	48.00	牡丹江	37.46

图 2-12 主要城市大数据产业发展的促进因素指数

> ### 研究说明
>
> 本研究基于大数据思维及方法，采用大数据技术获取、处理、分析、挖掘相关互联网数据，结合各地统计数据及政府数据，利用离差标准化方法对数据进行处理，旨在通过大数据产业发展水平指数对全国 31 个省区市及主要城市的大数据产业发展水平进行量化分析，研究各省区市及主要城市的大数据发展现状，并发现各地的优势和短板，帮助各省区市政府推进及指导相关工作。
>
> 本研究共选取全国 31 个省、自治区和直辖市以及全国 81 个主要城市作为研究对象。
>
> 本研究数据周期为 2017 年 1 月 1 日至 2017 年 6 月 30 日。

> **大数据产业发展水平指数体系构成**
>
> **大数据指数**。对全国各省区市以及主要大中型城市的大数据产业发展支撑体系及运行状况进行量化分析，反映各省区市以及主要大中型城市大数据产业发展现状及水平的具体应用。若将大数据产业发展体系比喻为一台运行的机器，大数据产业发展水平指数则是反映机器运行状况的仪表板。
>
> **大数据产业发展的基础支撑**。大数据产业发展的基础部分反映的是大数据产业发展的基础或起点水平，该基础平台越高，就意味着大数据产业发展的基础水平越高，起点也越高。研究组主要从规模水平、效率水平、可持续性及稳定性等角度对大数据产业发展的基础平台系统进行描述和刻画。
>
> **大数据产业发展的促进因素**。大数据产业发展的主体部分反映的是提升和促进大数据产业发展的主要因素和措施，因素和措施越完善，大数据产业发展就越平稳、越健康。研究组主要通过产业环境、人才储备、政策措施和舆论宣传等要素描述和测量促进大数据产业发展的因素。
>
> 报告编制：CSISC 大数据研究实验室

共建研究院助推"双一流"大学建设

在经济全球化进程和中国全面深化改革的大背景下，人才发展要据实、有证据、有数据。但我们发现当下的人才培养受制于数据不足，不仅仅是数据量不够，更重要的是数据维度单一，太结构化，而真正的人才大数据、成长大数据基本是空白，这极大地限制了人才选拔、因材施教、职业发展的决策以及改革与创新。

从国家战略需要出发，主动应对大数据时代的重要部署，中国的大学教育未来要走一条掌握大数据又超越大数据的发展之路。2015年8月18日，中央全面深化改革领导小组第15次会议审议通过《统筹推进世界一流大学和一流学科建设总体方案》，决定统筹推进建设世界一流大学和一流学科。

2017年9月，教育部、财政部、国家发展和改革委员会联合发布《关于公布世界一流大学和一流学科建设高校及建设学科名单的通知》，世界一流大学和一流学科建设高校及建设学科名单正式确认公布。

世界一流大学和一流学科简称"双一流"。建设世界一流大学和一流学科是党中央、国务院做出的重大战略决策，有利于提升中国高等教育综合实力和国际竞争力，为实现"两个一百年"奋斗目标和中华民族伟大复兴的中国梦提供有力支撑。"双一流"建设是一个开放的体系，面向所有高校，甚至包括高职院校。"双一流"政策将在未来很长一段时期主导中国高等教育的发展。目前来看，地方院校很难与"985""211"大学竞争，但不等于在所有学科方面都没有机会；从未来看，地方院校只要抓住历史机遇，制定科学的发展战略，选准发展路径，就完全有可能使一所地方院校走向卓越，建成中国乃至世界一流学科、一流大学。而共建基于大数据的行业研究院模式正是"双一流"高校建设中对于省属高校核心竞争力培育、人才问题解决的新模式探索，是以市场为主导，以数据为纽带，数据开放共享促进产学研深度融合，既有利于培养多层次、多类型的大数据人才队伍，又有利于培育造就大数据领军企业，同时也是对数据驱动型的"双一流"建设创新体系的实践探索。

中国教育大数据研究院

中国教育大数据研究院由中国统计信息服务中心与位于孔子故里的曲

阜师范大学共建，于2015年9月成立。研究领域聚焦重大教育政策的国民舆情追踪、基础教育质量监测、基于大数据的教育精准扶贫、高校治理与绩效评估、优秀传统文化的国民认同与教育策略、大中小学学生体质健康监测、学生认知倾向与职业专业发展趋势分析、中外中小学生数学、阅读和科学素养及教育教学策略比较研究等。2015年12月，该研究院领衔十余家高校和教育研究机构发起《中国教育大数据发展促进计划》，率先提出推动中国教育大数据发展的"路线图"；建设国内首个"全媒体与大数据教学体验中心"；《中国教育报》以"大数据时代教育改革的'靶向治疗'来了"为题，对研究院院长戚万学及我进行深度访谈，并做了整版报道。

2015年9月，中国教育大数据研究院由中国统计信息服务中心与曲阜师范大学共同建立

中国（西安）丝绸之路研究院 | "一带一路"大数据研究中心

2017年1月17日，中国（西安）丝绸之路研究院 | "一带一路"大数据研究中心共建签约揭牌仪式在北京隆重举行，西安财经学院院长胡健、副院长丁巨涛，中国统计信息服务中心主任严建辉、副主任王海峰，首页大数据副董事长陈卫，中国搜索主任梁晓杰等出席揭牌仪式。我主持了本次揭牌仪式。研究中心由中国统计信息服务中心、西安财经学院[中国

（西安）丝绸之路研究院]、首页大数据公司合作共建，这是继国家统计局与陕西省人民政府共建中国（西安）丝绸之路研究院之后，"一带一路"倡议落地实施的再一次具有里程碑意义的务实工程。研究领域紧紧围绕针对"一带一路"沿线国家和省区进行数据整合、数据挖掘和技术算法研发及应用展开，面向"一带一路"参与国家、省区陆续吸收、整合全域数据，以充实"国家大数据池计划"，并基于大数据方法和技术共享及输出研究成果，做好"一带一路"理论创新与实践应用的大数据智库工作。胡健说，中国（西安）丝绸之路研究院|"一带一路"大数据研究中心将致力于做有自己特色的咨政类智库产品，将为国家和地方发展提供参考，针对国内外数据进行整合挖掘，把管理信息系统提升为决策支持系统，提高决策支持，努力实现把谋划变规划、对策变政策的目标，并且走出一条具有自身特色的路子，避免同质化现象出现。

2017年1月17日，中国（西安）丝绸之路研究院|"一带一路"大数据研究中心共建签约揭牌仪式在北京隆重举行

严建辉表示，"一带一路"大数据研究中心的签约挂牌，是中心落实国家"一带一路"倡议的具体行动，要充分依托西安财经学院先进的管理

理念、精湛的科研优势、强大的专家团队,做好大数据研究和应用的支撑,为"一带一路"倡议、大数据发展战略做出新的贡献。

陈卫认为首页大数据承接"一带一路"大数据研究中心的具体工作是一项神圣使命。在全球经济包括中国经济关键的转型期,人们对于资讯及时性和准确性的需求越来越强烈,服务业比重变得越来越大,互联网的普及使得信息正以扁平化的方式传输给用户,这将是人类经济生活的一项巨大变革和发展趋势。在这样的转型时期,正需要用新思维、新技术促进人类与数据的交互,通过数据挖掘为政府、企业提供高质量的数据资讯服务。"一带一路"大数据研究中心的成立既有历史意义和现实意义,又有立足长远的深远意义。

基地培育推动大数据与经济社会全面融合

大数据正成为新一轮科技竞争和产业竞争的战略重点和制高点,国内外政府部门和产业界正将大数据视为战略性新兴产业以及传统产业升级转型的驱动力,纷纷加快规划部署和推动大数据应用发展。随着地方大数据基础设施的逐步完善,让大数据在政务和产业应用中发挥价值越来越成为全国各地大数据发展的重中之重。经过一年多的筹备,2014年6月28日,中国统计信息服务中心与厦门市共建的首个大数据研究服务基地在厦门揭牌,同时,大数据研究实验室也落户赛凡信息科技(厦门)有限公司。大数据研究服务基地将搭建大数据产业发展平台,整合产学研各方资源,加快厦门市乃至我国大数据产业的发展。厦门市人民政府副秘书长徐文东代表市政府在致辞中强调,厦门市将大力发展大数据等相关产业,加强与中国统计信息服务中心的合作,支持大数据研究服务基地和大数据研究实验室的建设,做大做强厦门市软件和信息服务业。厦门市还将率先开放政府数据资源，规划建设厦门数据门户，鼓励社会资本进入数据服务领域，催生更多更广泛的大数据应用。时任厦门市信息化局局长的孔曙光（现任厦门市统计局局长）表示，厦门市已建立比较完整的信息资源体系，希望在与中国统计信息服务中心的合作中，将国家级大数据研究成果与地方经济发展需求结合起来，创造厦门市软件产业发展新优势，以此吸引更多企业和机构参与厦门市大数据产业发展，共同推动厦门市大数据产业集聚发展。①

2014年6月28日，中国统计信息服务中心与厦门市共建的首个大数据研究服务基地在厦门市揭牌

  大数据研究服务基地模式是面向大数据应用最典型的发展模式，该基地是区域特色大数据研究应用先导区和大数据创业创新集聚区，其通过国家数据资源整合区域产业资源优势、合作技术研发和区域产业融合配套、地方人才培养与招商孵化等策略措施，实现地方政务和产业经济特别是实体经济借助大数据新模式的升级转型，推动区域特色经济社会的发展。

---

① 王娅莉.产业新模式助力软件名城建设［N］.中国质量报，2014-07-07.

2017年12月26日，合肥蜀山、成都新都、江苏如皋三地已经与中国统计信息服务中心、首页大数据签约，将大数据成果具体应用于县域治理，助推地方大数据应用发展，推动数字中国建设。

大数据研究服务基地的主要构成为"3+3"体系，即3个重点职能型机构和3个配套辅助性机构：

- 3个重点职能型机构：国家级大数据实验室驻基地研究中心、特色大数据产业园和大数据应用服务云平台；
- 3个配套辅助性机构：大数据创新创业孵化中心、大数据人才实训基地和大数据成果展示交流中心。

基地的构建遵循根据地方特点"因地制宜、量身定制"的基本原则，必备3个重点职能型机构，根据实际区域的特征和需要，使其侧重点和规模有所差异，也可以有不同的建设实施顺序；而3个配套辅助性机构则可以根据需要选择性建立。

基地采取统计信息中心、首页大数据和地方政府联合共建的模式，其中地方政府和统计信息中心是基地的联合主管单位，其共同成立基地执行管理机构，合作推进基地建设与管理。首页大数据作为国内权威大数据研究与服务机构、基地的实施配合单位和运营服务单位，地方政府也可以指定地方企业参与共同实施运营服务。

基地以面向地方支柱或特色产业领域的大数据技术研究和业务服务为重点，以实现大数据与地方产业融合发展为重点应用目标，为地方政务、企业和民生提供多元化的大数据服务。基地的建设可以根据地方特色及需要，选择采用"研究优先""应用优先"和"产业优先"等不同策略，实现资源投入、推进速度和实现效果的最优化。

这种联合共建的大数据研究服务基地模式，对地方经济社会的发展有重要的价值和意义。

1. **数字治理**。通过基地建设为地方治理体系和治理能力现代化服务，根据地方特点输出适合本地治理的数据管理平台的综合解决方案，为数字中国建设、国家治理体系和治理能力现代化建设做好示范。
2. **新兴经济**。通过基地建设可直接挖掘地方产业优势资源，发展新兴经济业态，获得直接的地方经济效益提升。
3. **产业升级**。通过基地升级园区的政策引导和大数据服务平台的服务输出，让大数据与地方产业融合以促进产业升级。
4. **创新孵化**。通过基地升级园区服务功能以及研究中心，推动产学研合作与创新成果孵化，促进创新企业的本地孵化发展。
5. **服务升级**。通过基地大数据服务平台提供的公众服务和政务、企业服务，为大众提供所需要的生活和工作服务。

大数据研究服务基地既有标准化的模式设计，也可充分体现灵活性和个性化需求。例如，与基于基地模式相配套的、具有地方特色的定制化数字小镇，是新型智慧城市建设的点睛之笔。基地共建培育不仅是一种驱动型创新体系和发展模式，还是国内大数据应用发展政产学研深度融合的一个非常有价值的探索和示范。

全新的大数据管理局

在 2014 年 1 月召开的中共广州市委十届五次全会上，最早提出了成立大数据管理局的提案，其成立的目的是统筹推进政府部门的信息采集、整理、共享和应用，消除信息孤岛，建立公共数据开放机制，这一构想很快得到立法支持。一个月后，广东省政府印发《广东省经济和信息化委员会主要职责内设机构和人员编制规定》，其中明确提及成立广东省大数据管理局。

2015年5月，广州市政府公布工信委、商务委、国资委的"三定方案"。根据方案，广州市工信委设立广州市大数据管理局，主要负责研究拟定并组织实施大数据战略、规划和政策措施，引导和推动大数据研究和应用工作，组织制定大数据收集、管理、开放、应用等标准规范共9项职能。按照规定，广州市大数据管理局内设3个科室，分别为规划标准科、数据资源科（视频资源管理科）与信息系统建设科。

几天后，辽宁沈阳也成立了正局级的大数据管理局，下设大数据产业处、标准与应用处和数据资源处三个部门，而该单位从组建到挂牌，前后只用了两个多月。

2015年9月1日，成都市批准在该市经济和信息化委员会下设大数据管理局。这是继广东、辽宁等省市之后又一个地方政府新增设的职能机关。这个新生机构大多数是政府直属，级别不低。它的诞生将在统筹规划政务数据资源、社会数据资源，以及完善基础信息资源、重要领域信息资源建设方面形成合力，有利于我国早日形成人机交互、万物互联的网络空间。

对于顺应潮流而成立的大数据管理局，很多人非常好奇，这个机构究竟要做些什么？它与已有的统计局又有何不同呢？表2-1中的相关资料是根据公开信息整理的我国已经成立的15个地方大数据管理局及其主要职能，有助于大家了解。

表2-1 地方大数据管理局及其主要职能

机构名称	隶属部门	成立时间	级别	主要职能
广东省大数据管理局	广东省经信委	2014年2月	正厅级	1. 研究拟定并组织实施大数据战略、规划和政策措施、引导和推动大数据研究和应用工作 2. 组织制定大数据收集、管理、开放、应用等标准规范 3. 推动形成全社会大数据形成机制的建立和开发应用 4. 承担企业情况综合工作，负责企业数据收集和存储 5. 组织编制电子政务建设规划并组织实施 6. 组织协调电子政务重大项目建设，组织协调网上办事大厅等电子政务一站式服务建设 7. 组织协调省级重大电子政务项目建设、政务数据中心的建设、管理 8. 负责统筹政务信息网络系统、政务数据共享体系建设、承担信息安全等级保护、应急协调和数字认证相关工作 9. 统筹协调政务信息安全保障体系建设
广州市大数据管理局	广州市工信委	2015年5月	正处级	1. 研究拟定并组织实施大数据战略、规划和政策措施、研究拟定基础信息资源共享交换目录、技术规范和应用范围 2. 协调、组织实施国家和地方大数据技术标准、引导和推动大数据研究和应用工作 3. 组织制定大数据收集、管理、开放、应用等标准规范 4. 制定智慧城市运行管理规范和部件标准并组织实施 5. 推动形成全社会大数据形成机制的建立和开发应用 6. 负责统筹规划建设工业大数据库，建立企业能耗、环保、安全生产监测指标数据库，支撑两化融合公共信息平台的运行 7. 负责企业数据信息采集、统计、分析、报告等企业大数据平台，统筹协调城市管理智能化视频系统建设、推进视频资源整合共享和综合应用 8. 组织建设广州超算和云计算公共信息平台和工业大数据平台，统筹协调城市管理智能化视频系统建设、推进视频资源整合共享和综合应用 9. 承担广州超算和云计算技术平台的推广应用

40

续前表

机构名称	隶属部门	成立时间	级别	主要职能
沈阳市大数据管理局	沈阳市经信委	2015年6月	正局级	1. 负责组织制定智慧沈阳的总体规划和实施方案，规划和相关政策 2. 组织制定大数据的标准体系和考核体系，统筹推动全社会大数据库建设，组织制定大数据采集、管理、开放、交易、应用等标准规范 3. 指导大数据产业发展 4. 研究制定全市电子政务建设的总体方案，实施方案并组织实施 5. 组织协调政务信息资源共享 6. 统筹协调信息安全保障体系建设等工作
成都市大数据管理局	成都市经信委	2015年9月	正处级	1. 负责拟定全市大数据战略、规划和政策措施并组织实施 2. 推动信息数据收集、管理、开放、应用等标准规范 3. 推动信息数据资源和基础设施建设的互联互通、资源共享 4. 制定全市电子政务建设的总体规划、组织电子政务项目审核工作 5. 推进电子政务外网现有信息系统整合，组织协调全市信息安全保障体系建设 6. 承担市信息化工作领导小组办公室的日常工作
兰州市大数据社会服务管理局	兰州市政府	2015年9月	副厅级	1. 贯彻落实中央和省市党委、政府信息化社会政策部署 2. 研究拟定并组织实施全市信息化社会政策发展规划和政策措施，智慧城市建设等相关标准规范、合同 3. 会同有关部门研究部署信息产业政策规划 4. 负责全市大数据平台建设，组织制定大数据收集、管理、开放、应用等相关标准规范 5. 负责全市社会服务信息化建设和管理工作，组织制定信息化建设总体规划及部门信息化建设规划、方案的审核工作 6. 负责全市信息化重大项目审核、资金使用，负责县区信息化工作考核 7. 负责大数据产业、三维数字社会服务管理、信息产业促进等工作的指导、监督和考核 8. 完成市委、市政府交办的其他工作

续前表

机构名称	隶属部门	成立时间	级别	主要职能
贵州省大数据发展管理局	贵州省政府	2015年10月	正厅级	1. 研究拟定并组织实施大数据战略、规划和政策措施，引导和推动大数据研究和应用工作 2. 组织拟定大数据的标准体系和考核体系，拟定大数据收集、管理、开放、应用等标准规范 3. 负责以大数据为引领的信息产业行业管理，统筹推进社会经济各领域大数据开发应用 4. 组织编制电子政务建设规划和"互联网+行动计划"并组织实施，组织协调市级重大电子政务项目建设和应用工程 5. 负责信息基础设施规划、协调、管理和监督 6. 负责统筹政务信息网络系统、政务数据中心的建设、管理 7. 统筹协调信息安全保障体系建设，承担信息安全等级保护、应急协调和数字认证的相关工作 8. 承办市委、市人民政府交办的其他事项
保山市大数据管理局	保山市工信委	2015年11月	正处级	1. 推进数据资源整合，开放与利用 2. 深入推进"互联网+惠民"工程 3. 促进保山国际数据服务产业园发展
黄石市大数据管理局	黄石市经信委	2015年11月	副处级	1. 研究拟定并组织实施大数据战略、规划和政策措施，引导和推动大数据研究和应用工作 2. 组织制定大数据收集、管理、开放、应用等标准规范 3. 推动形成全社会大数据机制形成和开放 4. 承担企业综合工作，负责企业数据收集和存储 5. 负责统筹政务信息网络系统、政务数据中心的建设、管理
咸阳市大数据管理局	咸阳市政府	2016年7月	正厅级	1. 负责全市信息共享工作的组织领导、协调解决共享与政府信息共享有关的重大问题 2. 研究拟定并组织实施大数据战略、规划和政策措施，引导和推动大数据研究和应用工作 3. 组织全市制定大数据收集、整理、发布、维护、更新等标准规范 4. 建立全市统一的数据服务中心和信息共享机制 5. 对共享信息实行动态管理，确保共享信息的准确性、实效性 6. 统筹协调信息资源的安全管理，承担信息安全等级保护、应急协调和数字认证等工作

续前表

机构名称	隶属部门	成立时间	级别	主要职能
银川市大数据管理服务局	银川市政府	2016年11月	正处级	1. 研究并组织实施智慧银川建设以及大数据战略、规划和政策措施，引导和推动智慧银川建设以及大数据的研究和应用工作，协调信息资源的互联互通、资源共享 2. 协调、组织实施国家和地方数据技术标准，研究基础信息资源共享交换目录、技术规范和范围 3. 组织实施大数据的标准体系和考核体系，推动大数据形成机制的建立和开发应用 4. 组织实施大数据收集、管理、开放、交易、应用等标准 5. 组织实施智慧银川运行管理规范和部件标准 6. 协调全市信息安全保障体系建设等
杭州市数据资源管理局	杭州市政府	2017年1月	正局级	1. 贯彻执行国家、省有关数据资源管理的方针政策和法律法规、规章草案和规范性文件，经审议通过并组织实施；受委托起草我市相关的地方性法规、规章草案和规范性文件，经审议通过并组织实施；政策措施、政府规章和评价体系并监督实施 2. 组织实施国家和地方数据技术标准；研究制定我市数据资源采集、存储、使用、开放、共享等标准规范，并监督实施 3. 负责全市政务数据和公共数据资源管理；组织协调全市政务数据和公共数据资源的目录制定、归集管理、整理利用、共享开放、推动数据资源管理和社会治理领域应用，组织实施城市"数据大脑"等重大项目的建设 4. 指导全市经济社会各领域数据开发利用工作，促进全市大数据产业发展 5. 指导全市数据安全保障体系建设，组织实施全市政务数据和公共数据设施的安全保障工作 6. 组织协调电子政务系统智慧门户政府门户网站建设 7. 负责"中国杭州"政府门户网站和电子政务门户建设与管理等工作，指导各区、县（市）政府和市首单位电子政务门户建设；承担市政府信息公开数据资源平台建设管理和服务保障工作 8. 负责全市数据资源、政务信息化领域的对外交流合作，会同有关部门做好全市大数据、政务信息化人才培养等工作 9. 承办市政府交办的其他事项

续前表

机构名称	隶属部门	成立时间	级别	主要职能
内蒙古自治区大数据发展管理局	内蒙古自治区政府	2017年1月	正厅级	全面贯彻落实党的十八大和十八届三中、四中、五中、六中全会精神，深入贯彻落实习近平总书记系列重要讲话精神和治国理政新理念新思想新战略，认真贯彻落实自治区党委、政府决策部署，充分发挥大数据对"五化"协同发展的支撑作用，对"七网"建设的先导作用，对"七业"发展的催化作用，以建设国家大数据综合试验区为抓手，坚持以设施为前提，以安全为基础，以应用为核心，加强信息基础设施建设，推动政府数据资源整合、共享开放和创新应用，大力发展大数据产业，促进全区经济社会转型升级
昆明市大数据管理局	昆明市政府	2017年3月	副厅级	1. 按照国家、省的要求拟定大数据标准体系和考核体系，组织实施大数据采集、管理、开放、交易，应用等相关工作 2. 统筹推进社会经济各领域的大数据开放应用 3. 统筹协调智慧城市建设的整体推进工作等
深圳市龙岗区大数据管理局	龙岗区政府	2018年1月	正处级	1. 推进全区信息化建设和大数据发展应用，打造数字龙岗 2. 推动龙岗智慧城市建设，优化完善数字基础设施建设，整合政务数据和社会数据资源，保障数据安全，形成共享数据体系 3. 推进数据强区建设，运用大数据提升政府治理现代化水平，推动大数据技术产业创新发展，保障和改善民生，促进信息技术与经济社会的交汇融合
徐州市大数据管理局	徐州市政府	2018年1月	正处级	1. 负责制定实施全市大数据战略规划和规范措施 2. 推进社会经济各领域大数据应用 3. 促进政府数据资源的共享与开放 4. 负责全市大数据信息安全技术保障体系建设等

03
大数据时代的管理变革

Digital

China

Big Data and Government Managerial Decision

组织面临的大数据变革

缺乏凝聚力是组织管理的最大障碍。大数据让不可量化的凝聚力被量化，管理者将知道团队的核心凝聚力是什么，从而形成向心力，进行有效的管理。"互联网催生信息化时代到来，信息化则成就了大数据时代。"这是我多年从事大数据应用研究中总结出的一句话。今天，我要阐述的一个观点就是，大数据时代已经来临，作为政府组织的领导者必须顺势而为，以积极的心态迎接这个新时代的到来。

美国著名的 Sociometric Solutions 公司首席执行官本·瓦贝尔（Ben Waber）在其所著的《大数据管理》（*Big Data Management*）一书的开头这样写道："如果我告诉你，改变一下工作的休息时间会让员工更有效率，而调整餐桌尺寸是公司重要的决策之一，你会做何感想？这些问题都是传统人力资源理论从未关注过的细节，因为它们难以被量化。然而，员工多休息10分钟，改变饮水机的摆放位置，午餐多和同事一起吃……这些过去不被企业管理者重视的问题，正是增强一个团队凝聚力和向心力的一部分。"

大家知道，互联网的主要作用是信息的传播和分享，其最主要的组织形式是建立静态的网站。从 2004 年起，以 Facebook、Twitter、微博、微信等为代表的社交媒体相继问世，标志着互联网新时代的到来。进入新时代之后，互联网开始成为人们实时互动交流的载体。

在大数据时代下的组织变革将体现在以下方面。

1. 跨职能、跨部门的数据流动。高效的组织需要把信息和决策权力分配给不同的部门。大数据时代，灵活的组织架构、最大化的跨职能合作是组织发展的必要基础。领导者需要为各部门管理人员提供合适的数据和懂技术的专家。同时，IT 规划与运维应得到领导者的高度重视，健全的企业 IT 架构也有助于解决信息孤岛的问题。

2. 清晰定义数据需求。有人认为，大数据时代，领导者的经验、直觉和视野所起的决定性作用将日益降低。但由于大数据时代需要的是那些能够发现机会、具有敏锐创新思维并能说服员工投入其全新想法的领导者，所以大数据时代的领导者必须能够针对众多的决策做出适应时代的变革，大数据本身也是适应时代的变革之一。

3. 管理数据技术人员。大数据时代，数据技术人员的价值将尤为凸显，其中最重要的是能够处理大数据的科学家。对于数据科学家来说，统计能力是必不可少的，但比统计能力更重要的是其清理和组织大型数据的技术，因为大数据时代的数据格式往往是非结构化的。最好的数据科学家不仅要懂得业务语言，而且还要具备复合型知识储备甚至从业经验，只有这样，他才能帮助领导者从数据的角度理解组织所面临的挑战。

4. 实时用户定制。大数据时代，个性化将颠覆传统模式，成为未来社会发展的方向和驱动力。大数据为个性化应用提供了充足的可持续发展的空间、基于交叉融合后的可流转性数据、全息可见的个体行为与偏好数据等。未来的社会管理、商业应用都可以通过研究分析这些数据，来精准挖掘每个个体不同的兴趣与偏好，从而为他们提供个性化服务。[①]

5. 基于数据的运营与决策。 利用大数据进一步发挥算法和机器分析的作用，提高运营与决策效率。大数据催生出由信息驱动的新的管理模式，并在组织价值链中发挥中坚作用，数据驱动的决策制定能够验证假设、分析结果，以指导决策及运营改变。

此外，大数据还会对绩效、人力等方面产生深刻的影响，信息化时代已经为领导者提供了广袤深厚的大数据土壤，组织领导者只要能尽快转换思维，深入挖掘并充分有效地利用大数据，就一定能够在瞬息万变的全球化经济环境中抓住机遇，赢得竞争。

市场调查遭遇的尴尬

市场调查是管理者了解市场现状及发展趋势，通过分析进行决策的重要手段之一。然而，由于受区域范围、技术条件所限，其获得的调查样本数量有限，分析的结果难免失误，做出的决策往往事与愿违，甚至会给组织造成重大损失。但是由于很多领导已经习惯于听从专家或凭经验办事，因此市场调查在很多组织中的地位极其尴尬。

20世纪70年代末，百事可乐的崛起令老牌的可口可乐公司不得不着手应对这位"后起之秀"的猛烈挑战。其实，百事可乐公司的战略意图十

---
① 苏萌. 大数据时代的商业变革 [J]. 信息与电脑, 2012 (11).

分明显,即通过大量动感而时尚的广告冲击可口可乐市场。首先,百事可乐公司以饮料市场最大的消费群体——年轻人为目标,以冒险、激情、青春、理想等为题材展开广告传播,从而赢得了青少年的喜爱。同时,百事可乐又推出一款富有创意的"口味测试"广告,在被测试者毫不知情的情况下,对两种不带任何标志的可乐口味进行品尝,结果显示,80%以上的人回答是百事可乐的口感优于可口可乐。

为了应战,可口可乐公司着手探究为什么可口可乐不如百事可乐的原因,推出了代号为"堪萨斯工程"的市场调研行动。深入到10个主要城市中,进行了大约2000次的访问;同时征询顾客对新口味可乐的意见,如"你想试一试新饮料吗?""如果可口可乐的口味变得更柔和些,您是否满意?"调研结果表明,顾客愿意尝试新口味的可乐。这一结果更加坚定了可口可乐公司决策者的想法:长达99年的可口可乐配方已不再适合今天消费者的需要了。于是,可口可乐公司满怀信心地开始着手开发新口味的可乐。

很快,可口可乐公司向世人展示了比老可乐口感更柔和、口味更甜、泡沫更少的新样品。在新可乐推向市场之初,可口可乐又大造了一番广告声势。1985年4月23日,可口可乐公司在纽约的林肯中心举办了盛大的记者招待会,共有200多家报章杂志和电视台记者出席,这一举措引起了巨大的轰动效应。

起初,新可乐销量不错,有1.5亿人试用了新可乐。然而,新可口可乐配方并不是每个人都能接受,而人们不接受的原因并非因为口味,而是这种"变化"受到了原有可口可乐消费者的排斥,甚至愤怒。他们认为,

99 年秘而不宣的可口可乐配方代表了一种传统的美国精神，而热爱传统配方的可口可乐就是美国精神的体现，放弃传统配方的可口可乐意味着一种背叛。在西雅图，一群忠诚于传统可乐的人组成"美国老可乐饮者"组织，准备发起全国范围内的"抵制新可乐运动"。在洛杉矶，有的顾客甚至威胁称："如果推出新可乐，将再也不买可口可乐。"

而此时，老口味的可口可乐则奇货可居，价格竟一路上涨。每天，公司都会接收到来自愤怒的消费者的大量信件和电话投诉，面对如此巨大的抵制新可乐的压力，公司决策者们不得不产生了动摇。为此，他们再次向顾客进行了一番意向调查，结果显示，30% 的人喜欢新口味的可口可乐，而 60% 的人明确拒绝新口味的可口可乐。至此，可口可乐公司在保留新可乐生产能力的同时，不得不重新恢复生产传统配方的可口可乐。①

在 1985 年不到 3 个月的时间内，可口可乐公司为新产品耗资 400 万美元，尽管其此前进行了长达两年的调查，但还是以失败而告终。而小米、三只松鼠这几种现代互联网品牌的诞生和流行则完全颠覆了传统的市场调查方式。我们应该感谢互联网、大数据时代的到来。过去没有互联网，企业所奉行的市场调查难免带有局限性和片面性，不能对整个市场进行准确的把握和分析，从而导致做出的决策出现失误。只有利用互联网积累足够的用户数据，才能分析出大多数人对某种产品的喜好与需求，才能实现真正的精准营销，才能避免更多的决策失误。企业管理者在针对新客户需求进行产品调整决策时，还要重视与老客户的互动交流，培养其对自己品牌的忠诚度，为企业建立起持续有效的营销管理渠道。而这一愿景的

---

① 市场营销学 [J]. 种子世界，2005（1）.

实现，离不开互联网和大数据的支持。

你我都是管理者

有过管理经验的人都知道，任何一个管理者可以直接管理的下属人数是有限的，所以当组织壮大以后，就不得不通过分权来组建管理团队，实施间接管理。

闻名于世的"阿米巴经营模式"，就是稻盛和夫实施了间接管理进而实现全员参与经营的一个成功案例，他使得世界500强企业京瓷公司50余年长盛不衰，创造了神话般的业绩。然而，实现全员参与经营需要一定的条件：第一，必须把经营建立在互相信任的基础上，如果缺乏这一条件，就无法把一些重要的经营信息公布给员工。员工不是单纯用来利用的工具，而是经营共同体中的一员，管理者必须要有这种意识。第二，阿米巴经营是一种让现场员工根据数据做出判断、采取措施的制度。因此，必须及时把数据反馈给现场。如果等到一切无法挽回的时候，再把数据反馈给现场并追究现场的责任，就会严重打击现场员工的积极性。第三，高层管理人员要有和阿米巴成员一起解决问题的姿态，需要基于实际案例加强对员工的现场教育。员工如果缺乏一定的知识，就无法根据经营数据发现问题并找到合理的解决方式。尤其在引进员工的初级阶段，这种教育是必不可少的。把经营扔给现场人员撒手不管，这样是无法实现真正的全员参与式经营的。第四，阿米巴内部的每一位成员都必须具备为企业整体着想的大局观，否则就有可能为了达成目标而不择手段，反而造成内耗。[1]

---

[1] 冉孟顺.阿米巴经营方式在S公司的运用研究［D］.苏州：苏州大学，2014.

美国麻省理工学院人类动力实验室主任、可穿戴设备先驱、大数据专家阿莱克斯·彭特兰（Alex Pentland），曾在其2012年4月在《哈佛商业评论》上发表的题为《塑造伟大团队的新科学》（New Science to Shape the Great Team）的文章中指出："要想从使用组织结构图的管理中解放出来，就需要放弃依靠个体才能管理组织的方法，转而通过塑造互动模式来获得更好的集体智能。"

2009年，美国国防部高级研究计划署（Defense Advanced Research Projects Agency，DARPA）举办了一场"红气球挑战赛"。它们在全美各地布设了10个红气球，能在最短时间内找到全部气球坐标的组织或个人将获得4万美元的高额奖金。这是一项极具挑战性的任务，美国国家地理空间情报局（National Geospatial-Intelligence Agency，NGA）的一位高级分析员称之为"传统的情报收集方法无法解决"的难题。

全美共有4000多个团队参与了这场角逐。最终，阿莱克斯·彭特兰率领的团队率先完成了任务，他们仅用了8小时52分41秒就将10个红气球的坐标全部标示完毕。实际上，他们在气球被放置的前几天才获悉这一消息，但却在短短数小时内便组建了一支多达5000人的团队，这5000名队员中的平均每个人通知了400名朋友，总计大约有200万人在帮彭特兰团队完成这项挑战！

那么，彭特兰团队到底用什么方法调动了200万人这样一个规模庞大的群体呢？显然，传统的组织管理方法难以驾驭，彭特兰使用的是社会网络激励策略。其具体做法是，不仅奖励正确告知气球地点的人，还奖励那些把找到气球的人成功介绍给团队的人。彭特兰将4万美元按10个气球平均分为 10 份（每个气球对应奖励 4000 美元），并承诺第一个告知气球地点的人可以获得 2000 美元，而把这个人介绍给团队的人则可获得 500 美元，再前面的一个介绍者可以获得 250 美元，以此类推。

在其团队中，寻获某个气球的人员沟通链最长的竟然达到了 15 人！另外，助推团队信息扩散的 Twitter 记录竟然有 1/3 来自美国本土之外。那些没有居住在美国大陆的人固然不能直接找到气球，但却完全有可能使用其他方式来传播团队的信息。

那么，彭特兰是怎么发现社会网络激励奥秘的呢？这里不得不提到彭特兰精湛的大数据技术。在大数据技术出现之前，人们绝不可能对组织内团队成员之间的沟通交流方式和过程（包括语调、身体语言、与谁谈话以及谈话时长等信息）进行实时数据采集。彭特兰的天才之处在于，他研发出了一种叫作"社会关系测量器"的设备。该设备包括一个位置传感器、一个记录身体语言的加速器、一个确定附近有谁的接近度传感器和一个记录是否有人说话的麦克风（为了避免侵犯隐私，该设备并不记录语音内容或视频）。

彭特兰利用社会计量标牌对一些创新团队、医院的术后监护病房、银行的客服团队、后台支持以及呼叫中心团队等开展了研究，由此揭开了这些大数据背后隐藏的组织内部人际交往以及集体智能的奥秘。研究发现，通过测量一个团队的互动模式，就能精确地预测这个团队的生产率。话语权转换分布更为均衡的群体，比由少数权威个体主导对话的群体拥有更高的集体智能。传统管理手段中常见的集权模式、控制模式和防范模式，都扼杀了集体智能的潜力及管理的整体有效性。彭特兰正是因为窥破了这一秘密，才得以在"红气球挑战赛"中充分调动了200万人的集体智能，并将之发挥到极致。

由此可见，管理者不分层级，岗位决定管理作用，每个人在每个岗位上都是管理者。以上两个案例值得所有面临转型的领导者借鉴参照。

04

拍脑袋决策与大数据思维

Digital

China

Big Data and Government Managerial Decision

拍脑袋决策的诟病

"拍脑袋决策"就是没有经过调查研究，靠自己随意的想象来决策的现象。组织决策的制定往往是直接关系到组织生死存亡的大问题，一旦失误就可能造成严重后果。但近年来很多高层管理人员却习惯于拍脑袋决策，这主要表现在做决策的过程中，常常是以领导为主，先是领导有一个自己的判断，再利用民主的方式从大家的意见中寻找同道者，或者为证明这个观点的正确性而让下属去找一些数据支撑，基于利益或者其他心理影响的下属当然会倾向于绞尽脑汁从各种维度去找一些支持数据，以证明领导的观点正确。于是，领导亲自动手设定的一些项目或者目标就成为基层执行的方向，即使其有可能是错误的。这就最终造成了哭笑不得的"四拍惊奇"现象：拍脑袋决策，拍胸脯保证，拍大腿后悔，最后拍屁股走人。

凭借直觉和经验的"拍脑袋决策"在相当长的一段时间内成了部分领导者的一种流行病。殊不知，现实世界是复杂的，外部环境是多变的，这种"拍脑袋决策"的风险很高，你很有可能会因此付出沉重的代价。大家都知道，人不是机器，无论你的愿望有多么好，做出的决策也必定会受到个人意识的影响，很多决策其实是错误的。例如，北方某县领导用自己的"构想"代替城建部门规划来"体现南国风光"，建起栽有棕榈树、云杉、四季桂、竹子、柳树、黄杨树、泡桐等7种不同树种的绿色街道，但那些只适宜在南方环境下生长的树种在北方成活率极低，结果就是栽了死，死了栽，栽了再死。为维护这些"形象工程"，该县耗费的国家下拨的扶贫资金多达1300万元。无独有偶，20世纪90年代，全国各地竞相出现开发区建设热，不少地方政府罔顾其实际情况，从省到市到乡纷纷上马，各地大大小小名目繁多的开发区多达一万个。结果却事与愿违，不少开发区既荒芜了大片土地，又损失了巨额资金。① 而拥有亚洲最大的室内足球场、建设投入约8亿元的沈阳绿岛体育中心，其使用寿命不到10年就被爆破拆除。据媒体报道，其被拆除的原因是使用率不高。这也是一起典型的政府决策失误案例：其一，绿岛体育中心地处郊区，交通不便；其二，其与奥体中心、铁西体育场等大型体育场馆形成竞争关系，导致资源浪费。而近些年遍地开花的各种特色小镇项目，又出现了一些领导者拍脑袋跟风的大同小异的"作品"，"千镇一面"换来的最终是国家发展和改革委员会、国土资源部、环境保护部等联合发布的《关于规范推进特色小镇和特色小城镇建设的若干意见》，特色小镇作为落实国家新型城镇化的重要路径，其发展进程也迎来了新挑战与新机遇。

  某些政府部门领导热衷于"拍脑袋决策"，而有些企业的领导者也乐此不疲。我国医药投资的重点工程河南中原制药厂占地1300亩，总投资18亿元，在没有开始生产运行的情况下就已停产关门。究其原因，该项目

---

① 水乡客. 不堪承受的决策失误[J]. 检察风云，2006（23）.

的一项关键技术是中方决策者在没有详细调查了解的情况下，从瑞士的一家仅有 20 多人的小公司引进的。

实践分析，决策失误大多是因为决策制定人过于情感化，其要么一个人独断专行拍脑袋决策，要么在形式上发扬一下民主，让大家集体拍脑袋决策。在这个过程中，我们会受到情绪的影响，这会限制我们的选择方向，而没有让更多的东西进入自己的视野中。决策制定前不进行科学分析，没有程序限制，仅仅凭拍脑袋发掘灵感就进行决策，这是造成组织发展不稳定的最主要的原因。脑袋拍对了，组织就获得一次发展；脑袋拍错了，组织就蹉跎停滞，甚至陷入困境。一些领导也曾经把希望寄托在"调查研究、民主决策"和"聘请管理咨询专家论证"上。实际上，所谓的调查研究、民主决策依然是围绕着领导一句话来进行的，充其量也就是在当地的小圈子里搞些调研，找些支持主要领导的证据，找几个部门或代表开个座谈会，再举手表决一下而已。我们且不说这种小范围的调查研究和民主决策的实效如何，仅是时间就消耗不起。

从以上几个案例中不难看出，这些不良后果大多是领导者盲目相信"拍脑袋决策"的"流行病"造成的。决策是对资源配置方式的一种选择，寻求的是最大限度地推动组织向发展目标靠近。组织只有在选择的资源配置方式上最大限度地抓住外部机会，并充分利用内部资源而又不超越其限制的情况下，才能达成决策制定的目标。二者之间的关系并不是靠赌博式的直觉灵感所能把握的。任何一个组织要想谋求持续稳定、长治久安的发展，就必须抛弃这种靠拍脑袋的直觉做出灵感决策的方式，取而代之以建立在科学分析方法基础上的程序化决策。

大数据思维颠覆传统

麦肯锡公司估算,如果企业或组织能充分利用大数据分析,每年就可以为美国医疗业带来 3000 亿美元的收入,为欧洲公共部门带来 2500 亿欧元的潜在价值,零售业也可以因此将利润提高 60% 以上。大数据赋予思维和决策的全新含义正在推动全球经济社会来重新思考商业模式、考量决策模式的变化,其带来的巨大的大数据需求促使政府和企业更加快速地向大数据实践迈进。

2011 年,举世瞩目的超级运算系统沃森(Watson)战胜了人类选手,赢得了《危险边缘》(*Jeopardy*)智力问答比赛的胜利。当时,全球行业专家对沃森应用的前景进行了三大预测:提高医疗就诊率、助力重大金融决策、改善和优化客服流程。

近几年,这三大应用前景伴随着创新实践拨云见日,从预测变为现实。沃森作为"医生助手"在医疗行业不断获得实践突破:在华尔街,沃森为花旗银行提供云服务,管理和预测证券组合投资风险;尼尔森、加拿大皇家银行等则通过沃森这一"认知助理",快速整理海量的用户数据,协助客服专员与全球客户进行互动。

在新生儿监护领域,全球专家多年来致力于如何将医疗诊断和科学技术更好地结合,通过使用前沿的大数据处理及分析技术,帮助医护人员使婴儿尤其是早产儿在出生后最关键的 24 小时内具备更高的存活率。安大略理工大学的新生儿重症监护专家被要求必须会使用 IBM 大数据软件,来分析早产儿身上或周围的传感器、检测仪器发出的每秒超过 1000 条的独特的生命信息数据,这种大数据分析可以使看护者实时发现危及新生儿生命的因素,还可以预测未来 24 小时内有可能突发的症状，从而及时采取措施。

而让数据最终实现价值体现首先需要解决的是领导者的思维问题。假如领导者没有意识到数据价值的话，基层的工作人员即使再有追求、再有热情，也无法体现数据的价值，这也和我们当前的社会经济发展的现状有着密不可分的关联。如今，随着互联网、云计算、大数据时代的到来，收集和应用大数据不再是难题，领导者在大数据人才班子的支持下，通过电脑就可以实时掌握所需要的动态信息、智慧的现状分析以及智库参考。

作为数据开发和运营商，中国移动安徽有限公司董事长、总经理郑杰结合自身的工作分析说："一旦思维转变过来，数据就能被巧妙地用来激发新产品和新型服务。以大数据为基础的解决方案是产业升级、生产率提高的重要手段。从数据中发现价值，产生财富，才是大数据最吸引人的地方。"

我们知道，大数据技术的核心目标是要从结构繁多、体量巨大、特征多样的数据中挖掘出隐藏在其中的规律，从而使数据发挥最大的价值。我们必须要明白这样一个事实，那就是大数据推动了我们现在的工作生活方式的改变，人们要想利用大数据，就必须要用大数据思维来面对大数据时代。

人类社会已从信息技术时代发展到数字技术时代，最大的变化是要求人人转变思维。人是最重要的元素，国家治理和发展离不开我们每个人，而大数据思维对于整个社会的进步和发展都是不可或缺的。如果思维不转变，即便利用新的技术来做传统的事情，也将难以起到作用。无论是政务领域、金融领域，还是工业领域应用大数据，首先一定要把新的思维方式、新的模式引进来。

从为温布尔登网球公开赛带来更精彩的观赛体验，到赋予沃森前瞻的认知计算能力，大数据分析的力量正在迅猛改变着这个世界。每时每刻都有海量的数据被创造出来，这也意味着同时有海量的价值亟待探索。大数据分析的意义早已超越了赛场和商海的竞技，在全新的大数据世界里，整个社会就是创新和发现的实验室，置身其中的你我都是创造者、探索者和改变者。三分技术、七分数据，得数据者得天下。改变思维至关重要，善用大数据思维、用数据说话、用大数据辅助决策，已经成为现代领导者必须面对的趋势，而组织和企业更是这场变革中的领头羊。大数据时代已经到来，你准备好了吗？

舆情监测与数据分析

舆情（即社情民意）是社会公众在一定时期一定范围内对社会现实的主观反映，是群体性的思想、心理、情绪、意志和要求的综合性反映，从其表面意义看，应包括社情（客观）与民意（主观）两方面，而各方使用这一概念时，多强调其主观性，而其实质指的是民情民意。[①] 纯粹的民意概念应是民众对具体事物的意见分布，但目前多数对社会发展状况所做的民意调查，已具有社会态度调查的特点，因此也可以将社情民意界定为具有社会态度含义的民意。

网络舆情是社会舆论的一种表现形式，具体是指通过互联网传播公众对现实生活中某些热点、焦点问题所持的有较强影响力、倾向性的言论和观点。在网络环境下，舆情信息的主要来源有新闻评论、BBS、博客、聚

[①] 闻诗. 拓宽反映社情民意工作的几个渠道［N］. 锡林郭勒日报，2010-06-25.

合新闻（RSS）等互联网传播媒介。①现在，网络舆情数据越来越呈现出大数据的特征。现代社会的价值观念呈多元化表现，各种观点交流既有融合也有交锋，舆论的多元化表现为多样化和多变性，互联网尤其是移动互联网的发展又使得网络舆情变化异常快速。而舆情监测则是整合互联网信息采集技术及信息智能处理技术，通过对互联网海量信息的自动抓取、自动分类聚类、主题检测、专题聚焦，以实现用户的信息需求，形成报告和图表等分析结果，为全面掌握公众的思想动态，做出正确的舆论引导、危机攻关和科学决策提供分析依据。

互联网的开放性使数量庞大的网民和各种社会群体可以在网上方便快捷地发表观点，这使得网络舆情的数据量急速增长。多媒体的发展使网络舆情的数据形态既有文本，又有图片、音频、视频等，呈现出多样性的特征。②

领导干部因权责所需，经常要做出直接关系社会治理、经济发展和民生福祉的重要决策。那么，领导干部究竟该如何从纷杂的信息中匠心独运，慧眼别具，抓住本质，揪出根源，避免决策失误呢？要用大数据辅助领导决策，就需要对数据源进行整合采集，首页的"采、存、管、研、用"五步工作流实际上也可以分别对应解释为数据采集、存储计算、数据管理、研究分析和成果应用。决策分析最有价值的部分就是数据属性的关联，数据量大的时候，传统分析软件就不能很好地完成，甚至连数据集都打不开。而将数据属性关联起来之后能进行更加全面的分析，使数据更加具有深度，也就更有参考价值了。整合多种数据源的多种结构数据（结构

---

① 刘志明，刘鲁．微博网络舆情中的意见领袖识别及分析［J］．系统工程，2011，29（6）：8-16．
② 唐涛．基于大数据的网络舆情分析方法研究［J］．现代情报，2014，34（3）：3-11．

数据、非结构数据和半结构数据，或者分为线上数据、线下数据）难度非常大，并非简单的一纸文件就能够解决，仅从技术层面来看，数据源数据是否具有可信性（如数据的格式、内容等能否被用户读取和使用），进而能否便于对数据进行深入处理和分析，数据的准确性、完整性、及时性和有效性方面能否满足应用要求等问题难以快速解决，这里需要考虑的其他因素也非常多，非一日之功。但是，利用大数据做决策支持已经开始在高层领导者中得以应用，需要以"大数据"思维进行数据建设，将能用、可用的数据整合起来，以大量、高速、多样、真实、流通与互动等特征来满足领导决策的即时性需求。

要实现价值转化，就需要用到很多技术工具，例如 BI、R 语言等，如果没有这些技术工具，就无法把数据的价值呈现给用户，也就无法有效地支撑领导者的管理决策，而技术工具如果没有数据的因素也无法发挥其应有的价值。所以，数据的价值发挥以及大数据平台的建设，必然囊括了大数据处理与商业智能应用分析建设。大数据的特点是对流数据的动态处理，其核心就是对实时动态数据的连续性和快速性分析，最终的决策支持系统要通过表格和图标图形来进行展示，而一份分类详细、颜色艳丽、数据权威的数据图表报告是呈现给领导决策辅助的最好方式。

构建数据决策科学体系

数据用来做什么？数据首先是用来做决策的，人的决策不见得都是理性的，但我们通过数据推演出了很多的假设和判断，至少现在还有很多机构做决策的时候更多地强调理性。因此，构建科学合理的数据决策体系可以从以下几方面着手。

1. 要意识到大数据所产生的价值，做好大数据资产的筛选和评估。
2. 立足于顶层设计，做好系统规划。领导层思维的转变特别重要，大数据时代要求与时俱进、要求速度，领导者要从思想意识上重视起大数据对企业的影响，将数据作为组织发展的核心资源对待，将对数据的收集、管理、分析和有效利用作为打造核心竞争力的大事来对待；应该尽早地进行顶层设计、系统规划；充分发挥信息技术对数据分析的重要支撑作用。
3. 既要强化数据管理，也要重视数据安全。
4. 优化内部协调模式，加强外部合作共赢。互联协调协作必然成为管理准则，而且必须是领导者应该遵循的管理模式。
5. 数据在决策过程中，流程比分析更重要。很多一流的分析师做出了富有洞见的分析结果，但由于缺乏有效的决策流程，也会导致结果毁于一旦。在一个组织中建立数字化流程，远远比建立一个强大的数据系统和数据分析团队重要。
6. 专业人才的吸引和培养。要实现决策制定程序化，不仅意味着要分系统组织决策制定，而且还要运用科学的方法进行决策，把决策活动约束在既定的程序中，避免决策制定受决策人的知识结构、情绪波动、感情冲动、价值偏好的影响，要使任何一个决策都是一种推动发展的最优选择。[1]

大数据管理已成为很多政府机构、企事业单位必须关注的重要问题。而现在也已经到了搭建大数据综合管理平台的最佳时机，大数据综合管理

---

[1] 焦一伟.企业规范化管理[J].中国乡镇企业，2008（6）.

平台能够帮助企事业单位和政府部门有效管理大数据，并让大数据成为领导者管理的得力工具，成为组织发展前进的原动力。

而对于智库而言，数据的开放不仅意味着研究者可利用更加充分的资源来增强研究和咨询成果的科学性、精准性，还可与各类数据公司通力合作，通过大数据分析来发现之前被海量信息淹没的特征或规律，从而给出不同于此前的分析判断、对策建议，甚至可以同时给出不同的对策建议，以更好地匹配不同领导者的需求和个性，从而为政府决策需要提供有效支持。

先有数，再做事

借助"一切皆可量化"的大数据技术与思维方式，政府部门可以获得比此前更多的基于管理和服务对象的巨量信息，借助数据挖掘技术和经验，以做到更加精准的洞察和预测，从而大大丰富政府治理、社会治理的手段和方式。"不会量化就无法管理"，目前已成为管理学界的共识。

运用数据挖掘等办法挖掘海量数据，计算机可以为我们呈现一个充满关联的世界，然后通过相关关系来预测事情发生的可能性。相关关系也许并不能准确地告知我们某件事情为何会发生，但是它会提醒我们这件事情正在发生。在许多情况下，这种提醒的帮助已经足够有价值。例如，从公交车辆运行的点数据推断一个路段发生拥堵的可能性，从纳税人的异常数据特征发现偷税漏税的可能性，从人们上网检索的关键词推断流感爆发的可能性等。

在大数据的辅助下，政府一方面能够实时、全面感知和预测公众所需的各类服务和信息，及时发现需求热点，把表面的需求判断变为对需求细节的感知，使政府服务提供更精准、更个性化，为用户提供更加智能化的办事、便民服务；另一方面，现代政府公共管理变革的标志就是百姓的满意度、安全感，通过监测数据并及时进行多维度、多层次的细分，政府可以及时感知公民对政府工作全面的感受情况，增强群众的满意度、获得感、幸福感。

北京市公交部门于2013年9月推出"定制公交"平台，市民可在该平台上提出自己的出行需求，公交集团则根据乘客提出的需求和客流情况设计商务班车线路，然后在定制公交平台上招募乘客、预订座位、在线支付。根据约定的时间、地点、方向开行的商务班车，保证一人一座，每日出行费用也远远低于自驾车和乘坐出租车。

中国统计信息服务中心、首页大数据2017年发布的HOME社会风险防控和感知大数据RAAS服务平台，可以扫描全国31个省区市、400多个地级市区以及3000多个县市区的安全感受情况，动态把握各地影响群众安全感受的诱发因素。地方政府或相关部门可以在该平台上查询本地安全感水平，分析影响安全感的主要因素，追踪影响安全感的主要热点，并可以结合地方综合治理工作数据、网格化管理等相关数据源，进一步对大数据进行深度学习，有效预警。随着数据量的逐渐增大，可逐步释放大数据的预测作用。

数据共享和开放不仅意味着可以利用更为充分的资料，还可通过大数据技术和分析来发现更多特征或规律，更好地为政府决策需要提供支持。

先有数，再做事。构建数据决策科学体系在大数据时代下已经成为一种可能。

05
大数据时代的领导者

Digital

China

Big Data and Government Managerial Decision

领导工作是管理的一种职能

领导，即引领指导的意思，不单纯是"管人"这么简单。作为一名领导，其主要责任是激发下属人员的潜能，让每一个下属的工作潜力发挥到100%，甚至更高。领导与管理的关系可理解为"思想"与"行动"——管理是在成功的道路努力往上爬，智慧而有效地把事情做好；领导则指出所爬梯子是否靠在正确的墙上，确定所做的事是否正确。[①]

明确领导和管理的区别有助于对自己的角色进行准确定位，从而使领导者更加关注领导者应该做的事，管理者做好管理者的事。被誉为"领导大师中的泰斗"的沃伦·本尼斯（Warren Bennis）将领导者和管理者概括描述为"原版创造"和"拷贝模仿"的关系，具体特征见表5-1中的对比。

表 5-1　　　　　　　　　　领导者和管理者的区别

领导者	进行创新	原版创造	着重发展	关注人	激发信任	看长远	综观全局	问的是"什么""为何"	挑战现状	有主见的将领	做正确的事
管理者	从事管理	拷贝模仿	着重维护	关注系统结构	依靠控制	看眼前	关注利润	问的是"怎样""何时"	接受现状	标准的好兵	把事情做好

---

① 赵虹君.领导理论刍议［J］.北京行政学院学报，2006（5）：50-52.

新经济时代，价值更多来自人们的知识，管理和领导职能的融合越来越多。人们看待管理者，不光是等他安排工作，还等他给定一个明确清晰的目标。因此，优秀的管理者们必须组织员工，不光要将工作效率最大化，还要担负培养技能、发展人才、产生结果的责任。网络信息沟通使组织活动统一起来，这也为领导者提出了新的要求：一方面，信息沟通可以让组织的各项管理工作集合成一个有机的整体；另一方面，管理人员通过信息交流可以了解外部环境。信息沟通使组织成为一个开放的平台系统，并与外部环境发生相互作用。领导者或者管理者处在这个信息网络的平台中心，并对其畅通负有责任。

大数据时代领导者的角色定位和职能开始转变。凭借大数据，政府领导者既能够更好地了解到群众的真实想法与客观需要，从而提高对公众的服务能力和水平；也能够直观地找到群众意见反映最为强烈的问题，并予以解决；还可以让群众清晰地看到政府运作的全部过程，有利于群众更好地监督政府执政，打造透明政府。迎接大数据时代的来临需要领导者与时俱进，善于利用各种现代信息处理技术，并熟练地运用到工作中，使数据成为更好地服务大众的风向标。企业领导者通过大数据的相关分析，可以直接明了得出结论，直接做出判断和决策。由于大数据更多的是依赖于数据的相关性分析，而不是企业业务特性的因果分析，常常关注的是数据敏感性分析。因此，企业领导者甚至可以在对业务完全陌生的情况下，借助于大数据分析，直接发现"是什么"，从而做出正确决策。大数据还可促使企业领导者的决策过程从"事后诸葛"向"事前预测"转变。在大数据时代，原材料、生产设备、顾客和市场等因素越来越不固定，传统决策过程的"事后诸葛"难以适应这一变化。①

对于领导者而言,大数据是治国理政的管理工具,大数据分析的精准智慧将取代直觉判断。无论是企业还是政府部门领导,都必须要接受这个现实并尽快付诸实践,方能紧跟时代潮流成为一位睿智的领导者。不管你愿意不愿意,接受不接受,在经历了几年的批判、质疑、讨论之后,大数据还是迎来了属于它的时代。

信息扁平化成为领导者的管理利器

传统管理理论大多围绕层级结构的组织特点。提出"管理十四条原则"的"经营管理理论之父"法约尔认为,上级不能越级指挥,下级不能越级请示汇报。这在传统理论中被奉为经典。但其层级结构的组织形式和与之相适应的经典管理理论,在现代社会中遇到了强大的挑战。如按照法约尔的理论,IBM公司最高决策者的指令,要通过18个管理层最后传递到最基层的执行者,不但时间极其缓慢,而且传递过程中的失真、扭曲可想而知。②

互联网、大数据时代的来临,为领导者实行扁平化管理创造了条件。对此,徐继华、冯启娜、陈贞汝在《智慧政府:大数据治国时代的来临》一书中有这样的论述:"对于身处金字塔最高层的领导者而言,基层管理是一个'黑匣子',只有具体办事人员才了解最真实的情况,信息上达不易,政令下达不畅。要维系整个金字塔的运行,只能靠领导的非凡洞见,或者依赖于每个人的内心操守。"而信息扁平化的最大魅力在于,它对于

---

① 张才明.数据驱动管理者决策[J].企业管理,2013(11):110-111.
② 郭建光.构造扁平化管理体系 实行宝钢一体化运作[J].上海企业,2004(1):21-24.

每个身处其中的人而言都是公平的。而且，随着信息可视化手段的普及，数据不再艰深难懂，并非只有专业技术人员才能解读；数据分析也不再复杂枯燥，而是越来越以其美丽的一面呈现在世人面前。

大数据时代的管理是网络互动、扁平化运行的。数据的产生、加工和运用，都是政府、企业、社会组织、个体公众等共同参与的结果。跨越传统管理的层级概念将为管理者打开脑洞，让基层和高层具备直接互动的机会，信息实现扁平化共享，领导者将知道最真实的一线信息；管理实现层级化责任，领导者将知道问题出自哪里，便于责任追溯。线上线下互动，扁平化管理，已成为大数据时代组织领导者的重要特征。

与他人沟通，必须是双向交流，而不仅仅是与别人谈话，沟通是一种需要两个人共同来跳的交谊舞。就企业内部管理而言，积极的沟通要求管理者站在员工的角度，以平等的姿态与员工进行沟通，正确倾听他们的意图，确保所获信息无误。越是高级的领导者越应该与员工直接沟通，因为单向沟通只是领导向下传达命令，下属只是象征性地反馈意见，这样的沟通不仅无助于决策层的监督和管理，时间久了，必然挫伤员工的积极性及归属感，所以双向沟通必然出现。一位睿智的领导者首先要擅长倾听，通过倾听可以从下属那里获得信息并对其进行思考。有效准确地倾听信息，将直接影响管理者的决策水平和管理成效，并由此影响公司的业绩。

今天以及未来领导者工作的有效性体现在灵活把握信息技术和个性化这两项元素，领导者最主要的一个责任，就是从繁杂无章的信息中筛选出重要的、需要立即处理的有效信息，并与无关信息、陈旧信息加以区分。《企业管理》2013年曾刊登过一篇题为《将社交网络纳入企业战略》的文章，文章认为：从管理层面上看，企业是由人来构成的组织，信息通过人，在企业内、企业间进行传播——这是企业运营当中最基础的活动。热门的社交网络平台虽然层出不穷，从开心网、人人网、微博到微信，潮起潮落，但是所有这些平台的关键要素都是人和信息，社交网络的根本目的就是沟通和分享。企业社交网络战略，要解决的是如何用最低的成本，让与企业相关的人，在任何时间、任何地点，在最短的时间内，安全地获取他想要的信息。①

北京等大型城市的道路上发生的轻微或一般交通事故，已经不需要再等待交通警察和保险公司经理到现场才能处理，而是可以由事故双方通过社交网络自行上传照片就可以定责、定损……社交网络也不再只是人与人之间的聊天、晒照类的普通社交，而是成了人与人、组织与人、组织与组织之间的平台化社交网络。社交平台的搭建也让领导者培养变得更加容易。新时代的领导者可以通过多种信息渠道分享他们的想法、实践以及各式各样的体验，世界变得扁平，信息传输的便利性和影响力要比以往任何时候都大得多。

互联网时代，领导与群众的"距离"越来越近，尊重民意成为政府进步的标志。

领导干部需率先提高数据素养

2016年，大数据全面渗透社会各领域。大数据成为提高组织运转效率，决定组织发展的关键。

---

① 张艳蕾，刘炼. 将社交网络纳入企业战略［J］. 企业管理，2013（9）：104-105.

国家出台大数据发展纲要后，各部门都采取了积极的行动，纷纷出台各种大数据方案，业界更是一片关于大数据的激情高昂的呼声，但以我从业数年的经验来看，这些方案看起来可能很美，距离落地应用却还有些远，为什么？缺少具体实施方案，缺少具体落地案例，应用层难以看到、享受到大数据带来的具体好处。其实我们都知道，无论发展什么，都要以问题需求、应用需求为导向，这是最基本的常识。可以理解的是在大数据发展初期，很难要求参与制订方案的专家或者领导具有大数据从业的直接经验及一线经历，哪怕是挫折，或者说还尚未具备一定的数商——数据素养。

大数据并不是讲究大。现在很多初创公司动不动就用我们拥有多么大规模的数据来说话，但只是规模大却不挖掘应用将只是垃圾一堆，规模越大的数据越会是大的垃圾场。现在很多地方、政府部门都建有自己的数据中心，但仔细想想，真正用起来的数据并不多，反而每年还要投入巨资进行看护维护，造成了巨大的浪费。而原本这些数据是可以挖掘出价值，应用出效益的。与李国杰院士"发展大数据不要一味追求数据规模大，要应用为先"的观点呼应，我与我的团队从事大数据实践一直定位在大数据研究应用，业务定位则是"管理者工具"。

我一直以实践者自居，"布道"大数据跨界融合思维，但跨界融合需要一个较长的过程，谁都不会例外。在大数据全面渗透社会各领域的过程中，我非常欣喜地看到，很多在别的领域具有相当学术水平及知名度的专家名人，陆续开讲大数据，反映了大数据全面渗透社会生活各个领域的趋势和必然。

随着大数据概念的炒作火爆，一些地方政府领导在并没有搞清楚大数据的真正内涵和价值时，就积极冲向了大数据发展一线，做交易所、建数据中心、做会议活动，将招商引资的方向转向大数据……这些前期的工作也是发展大数据的必要基础，其鼓动与呼吁虽然确实对大数据全面渗透社会各领域起到了一定的积极作用，但要真正地落地应用，光是靠宣传造势怕是远远不够。

无论作为领导干部、企业家还是任何一个想在事业上有所成就的人，都离不开智商、情商和胆商。但在大数据全面渗透社会各领域、社会生活方方面面的今天，我认为提高领导干部的数据素养已成为当下需求。2015年赴南通市统计局做"大数据对地方党委政府的决策辅助"讲座时，我首次提出领导干部应提高自身的数据素养，也就是"数商"，这成为一个人在事业上有所成就的另外一个重要因素。我认为数商是指一个人对数据的认识、理解、应用及效果程度的综合评价。数商是一个人的数据决策能力差异化的主要体现之一，在一个人走向更高层次、做出更重要决策的过程中将起着决定性的作用。

在组织中，一个人能够胜任本职工作，主要靠的是智商，即专业知识和工作经验的个人能力；一个人能够在组织中得到发展，除了智商，还要靠情商，靠胆商，情商决定了个人融入和协调的领导魅力，胆商则显示出其挑战、竞争和冒险的领导魄力；而一个人如果要想在事业和组织中有所建树，取得一定的突破，达到前人未曾达到的高度，就一定要具有较高的"数商"。数商对应的是领导者的决策力，它会让决策更加科学和客观。今天，政府推动大数据发展，身处各个位置的领导干部就要率先提高自身的数据素养——数商。

超级大脑与班子人才

对于企业和政府领导者来说，大数据能够成为其超级大脑和智库吗？答案是肯定的。移动社交网络的普及增进了人们之间的信息交互，社会化自媒体的出现，又加快加大了信息传播的速度和范围；社会公众与意见领袖通过民意的表达、信息的传递，可迅速被技术识别抓取及分析研究，从而成为领导者决策的数据依据。

过去因为数据稀缺，对于企业而言，一些重大决策几乎都依赖于管理者本人的经验。而大数据时代则可以从各个层面获取所需要的信息，这就需要企业管理者必须依靠广大一线员工，以此提高其决策水平；而政府层面，由于普通民众中的每个人都能进入大数据世界，成为"数据分析家"，决策主体已经从智库精英转向社会公众。因此，大数据环境下的每个人都是数据体，领导者附近的若干数据持有者便是其身边的隐形智库，全民参与社会共治已成为新时代领导者决策的重要特点。

通过淘宝的数据魔方这一服务，店主可以了解在淘宝平台上的行业宏观趋势、自己小店品牌的市场销售状况、消费者购买商品的行为情况等，并可以据此进行爆款产品的生产、库存消化的合理决策。与此同时，更多的消费者也可以透过数据的应用以更优惠的价格淘到自己更心仪的宝贝。银泰在百货门店和购物中心铺设免费 Wi-Fi，逐步抓取进店用户数据和 VIP 用户数据，利用银泰网，打通了线下实体店和线上的 VIP 账号。当一位已注册账号的客人进入实体店，他的手机连接上 Wi-Fi 时，后台就能识别出来，他过往与银泰的所有互动记录、喜好便会在后台一一呈现。通过对实体店顾客的电子小票、行走路线、停留区域的分析，来判别消费者的购物喜好，分析购物行为、购物频率和品类搭配的一些习惯。另外，银泰网甚至可以积累不同用户对品牌和折扣喜爱程度的数据，依托成熟门店的相关数据，再根据新开门店所在城市的用户分析，导出新开门店组货和招商的指导意见等。①

相对于我们的主题而言，传统的管理决策主体对应的是"精英高管"和"业务专家"，而非普通大众。随着社会化媒体和大数据应用的深入，真正有影响力的决策主体正从专家和精英高管转向拥有数据信息的普通大众。大数据从"可有可无"的边缘迅速演变成"必须获取"的核心，人才争夺战正在上演，但大数据的相关职位需要的多为复合型人才，要能够对管理、统计学、数学、机器学习、数据分析和自然语言处理甚至传播、公共关系等多方面知识进行综合掌握。面对大数据人才匮乏的现实，创新大数据人才培养机制，现在，调动地方政府部门的积极性是当务之急。首先，需要建立联合培养人才机制。大数据人才需要政府、产业和高校机构的联合培养。由政府、产业与高校共同拟定大数据领域的知识体系和重大应用的领域，以应用为目标联合培养大数据的紧缺人才。其次，需要创新培养人才的模式，比如MOOC（慕课）或者竞赛。最后，需要调动地方干部的积极性。大数据的价值在于交叉循环使用。除了专业人才，地方干部也应该接受培训，提高自身的大数据素养，提升大数据的运用能力，从而充分发挥大数据在治国理政中的作用。

不要仅指望一位首席数据官（CDO）或者一位数据科学家搞定所有的事情，还要尝试在其领导下组建一个包括数据分析师、机器学习专家和数据工程师的优秀团队，因为团队的力量永远是巨大的。

---

① 雷亮，彭真，李鸿．大数据在区域品牌营销中的应用研究［J］．图书与情报，2015（2）：77-81．

06

大数据时代的企业管理

Digital

China

Big Data and Government Managerial Decision

凝聚团队的大数据"黏合剂"

挖掘隐藏在企业内部的社交网络，利用大数据可以分析团队中每个人之间的互动情况，透过分析，管理者可以采取更有效的措施来极大地提升员工绩效和企业效益。大数据分析的力量不止于此，它还能为企业的管理模式带来意想不到的多重改变。例如，管理层可以通过大数据了解员工的具体工作情况、一个项目小组中团队成员的合作方式，反过来，员工也可以通过大数据分析来准确定位自己在团队中的角色，选择最合适的岗位来充分发挥自己的特长并提高工作效率。

如今，社交网络正在以自然的方式向工作岗位延伸过渡。传统的沟通方式已经落后，领导者沟通与影响他人的方式也随之产生了变化。因此，越来越多的企业转型显现出一个共同的明显特征——社交化。企业利用网络的便利性、扁平化，实现与内部员工的零距离交流，组织决策者可以在第一时间通览所有动态，确保决策的及时、正确；员工也可以随时随地与同事和管理者讨论工作话题而不受时空限制，使真正无障碍的沟通对话成为一种现实。领导者要学会沟通，首先要积极搭建并主动参与到社交网络之中，成为其中的一员，才可以获得更多的信任。

首页大数据为了有效管理项目开展，自行开发了一套内部工作流管理系统。在充分利用钉钉、微信、邮件进行常规的互动沟通外，工作管理系统还像一台扫描仪，随时将每一项工作进行表单式存储和管理，所有的员工均在平台上进行操作，一天下来，其工作的时长、工作内容所用时间、工作效率等均有直观的数据呈现。对于部门的管理者，可以充分利用这些交互数据和工作数据，个性化地匹配每个员工的工作状态、判断其工作能力，从而及时有效地进行工作调整，发现不合适的员工和优秀的员工。虽然系统的使用仍在探索中，但已经显现出一定的效果。

社交网络未来在组织运营管理中可以得到广泛应用：虚拟会议、工作日记分享、在线发出任务、请假审批等。因此，企业管理应该紧跟大数据步伐，充分借助和利用社交传感器加强互动沟通，同时有效收集和汇总员工的实时工作动态并予以针对性分析，此时你会发现，只要扫清团队内部沟通的障碍，就可以很好地增强团队凝聚力，提高企业效益。大数据已成为帮助企业优化客户服务、拓展企业研发、激发团队创造力的"黏合剂"。

人力资源的大数据"方向盘"

大数据将引发人力资源管理领域一场新的革命，推动人力资源管理迈上新的台阶。

人力资源配置指的是将合适的人放到合适的位置上。这是一件不大容易做好的事。因为要想知道一个人到底适合干什么，需要对其能力素质进行测评，同时对每一个工作岗位进行具体准确的描述。为此，需要做好两方面的工作：一是对员工素质、能力进行科学测评；二是对每一个工作岗位进行细致的描述。人力资源部的一项任务，就是努力实现这两个方面的高度匹配。

社会上的组织各不相同，有的规模较小，有的规模较大。有的需要高端人才，有的只需要一般人才就可以了。对于具有高端人才需求的组织，就应该开展高端人才寻访活动。为了做到专业化，这种活动通常是借助猎头公司进行的。国外的高端猎头公司之所以能够猎取到高端人才，是因为其背后有大数据的支持，有一个庞大的数据仓库和运算速度极快的搜索引擎，能够尽快找到合适的人才。猎头公司利用大数据方法，能够建立其自己的"人才雷达"。人才雷达的数据来源众多，例如，学术论文库、专业论坛发言记录、不同学术领域论文数量以及引用指数、社交网站上的重要线索等。猎头公司的雷达对准了这些扫描对象，搜索到有用的信息，从而能够描绘出所寻人才的图像。汤森路透公司（Thomson Reuters）通过其收集的大量有效数据，不停地向外界报告各类不同行业、不同领域的杰出人才，并进行推介。如果有人想详细了解哪一位杰出人才的情况，则需要付费。这对需要人才的组织来说，无疑是一个寻访合适人选的捷径。

大数据可以有效帮助企业优化客户服务、激发创造力、拓展研发，从现在开始，不懂利用大数据打造高效团队的企业将被逐渐淘汰。无论是企业管理层还是普通员工都应该重视数据的力量，重视数据带来的时代变革，努力培养自己的大数据思维。企业内部都会产生大量的数据踪迹。通过分析员工之间的沟通数据，不仅能够了解员工个人表现，还可以掌握团队的合作状况，从而采取有效措施提高企业内团队效率，甚至可以做到在一个团队组成之前，就可以选择合适的人员参与，也可以预测出该团队员间的合作情况，以及可能出现的问题。

考核是人力资源管理的核心。一个组织如果没有考核，目标就无法达成。但是，真正把考核这件事做好，又是一件不大容易的事。大数据时代的人力资源考核，要求每个被考核者必须做工作日志，即上班者要把自己每天做了什么，做得怎样一一记录下来。这样，管理者就能通过管理面板随时知道哪个人做了多少，做得怎样，是否达到要求、符合标准。如果遇到什么工作上的障碍，也可以随时得到帮助。这就改变了以往掌握情况不及时、过后也无法补救的问题。

在一些电商那里，大数据还能提前预测出每个员工的工作业绩。比如，商品销售额任务是否能够完成，过去只能在年底算账，或者叫"秋后算账"，现在则可以提前预知，并适时对员工予以指导。那么管理者是怎样知道哪个人可能完成不了预定指标的呢？原来他们通过大数据方法建立模型，就能将三个数据联系起来：一个是"询盘"价，就是前来点击询问的商品价；一个是下单要购买的"商品价"；还有一个就是实际发生的"交易价"。这三个数据之间存在着一种比例关系。

薪酬问题是每个职工都关心的事情，薪酬谈判现在越来越普遍，企业给出的标准你愿意接受，就能达成协议；企业给出的标准你不接受，就可以走人。实际上这是一种劳资双方的博弈过程。在这一过程中，怎样才能看出对方的认可程度呢？这一点很重要。阿莱克斯·彭特兰研究出一种"社会关系测量器"，能够记录人们在无意识状态下输出和处理的信号，这些信号是具有可预测性的。在薪酬谈判中，如果对方表现出专心致志、模仿你的行为，这意味着他将扮演"协作者"的角色；如果对方抢先说话、不愿意调整说话方式、行动趋缓，表明他将扮演"领导者"的角色；如果对方游离于对话之外，说话时手部动作多，显得坐立不安，表明他将扮演"探索者"的角色，可能接受对方建议；如果对方表现出一种"积极聆听"的态度，含义不言而喻。只需30秒的社交关系测量数据，就可以预测出两个人在沟通中各自扮演什么角色。这种大数据模型的准确性高达95%。

人才流失在企业和政府部门都时有发生。过去常常听到的说法叫作待遇留人、感情留人、事业留人。但是，无论组织怎样努力，总有人才流失的状况。要想减少这种状况的发生，可以依靠大数据掌握全体员工的整体态势，以及杰出人才的流动态势。所谓"月晕而风，础润而雨"，什么事情都是有苗头、有征兆的。人力资源部要对组织内人员的上班状况及时进行整体分析、动态观察。例如，本来正常上班的员工，近来却不断请假缺勤；本来平时身体很好的职工，近来却常常说自己不舒服甚至称病；原本积极建言献策的骨干，现在不爱多提建议、沉默寡言了。这些现象都应该通过细心观察予以发现。人事部门应该具有"数据分析员"的数据敏感性，能够及时发现苗头，并采取相应措施。

财务管理的大数据"贤内助"

企业应用大数据的价值，在财务管理方面显得尤为突出。

云计算、大数据成为财务管理的有效工具，把复杂的东西变得更简单，从而帮助财务更有效地做出决策和管理，企业中的"账房先生"仅以数字为言，却一数千钧；他们也许从来没有去过项目的所在地，不参与项目的一次讨论，但却是每一个项目启动初期最重要的关口；他们不在业务一线,却知道问题背后的深层次原因;他们从未直接参与到市场活动中,却是企业越来越重要的价值缔造者。而现在,他们正在成为财务管理的创新先锋。

刊登在《商场现代化》杂志上的一篇论文从企业财务管理的角度分析认为,大数据为财务人员从"数豆者"向管理会计转型提供了机遇。此前,财务人员通过对数据的分析为管理者提供决策的依据。然而,基于财务报表的数据分析只能为管理者提供极其有限的信息。大数据时代,企业面对的数据范围越来越宽泛、数据之间的因果关系链更完整。透过那些看似普通的数据,财务管理者可以在数据分析过程中更全面地了解到企业的现状及问题,更及时地评价企业的财务状况和经营成果,从而揭示经营活动中存在的矛盾和问题,为改善经营管理提供方向和线索。

借助大数据技术,财务管理者还能够有效改进财务管理的水平,压缩资金成本,为企业带来丰厚的利润。基于此,大数据为财务人员创造价值提供了难能可贵的机遇。譬如,利用大数据技术对预计利润表中的产品销售收入进行穿透分析,财务管理者可以得到不同时期、不同产品类别、不同分类标准的明细数据信息,通过企业的实际数据和预算数据的对比,并在此基础上为企业未来的经营设计一套最佳管理方案,可以实现企业资源的"最佳分配"、获取未来业绩的"最大回报"。由此可见,大数据将财务人员的视野扩大至决策分析与支持、风险管理、信用管理、作业成本管理等重要的管理领域。[1]

ERP 管理系统是现代企业管理的运行模式。它是一个在全公司范围内

---

[1] 张晓蕾,范晓明.浅谈大数据时代下的财务管理[J].商场现代化,2014(2):166.

应用的、高度集成的系统,它覆盖了客户、项目、库存和采购供应等管理工作,通过优化企业资源达到资源效益最大化。金蝶国际软件集团原副总裁陈登坤认为,过去的 ERP 管理系统只是专业用户用,现在是全员使用,甚至包括 CEO 都用。过去追求业务的效率,现在是追求全员的效率;过去讲的是流程和规则,现在讲的是共享和协助;过去是在办公室里用,现在是随时随地都可以用。借助互联网技术,还可以及时准确地获取企业信息,从而为公司决策提供帮助,比如订单信息、支付信息、账务信息都可以自动采集和生成,并且可以按照不同指标直观对比,数据的可靠性和针对性都大幅提高。进而通过利用大数据的分析,帮助最高管理层去洞察大趋势、把握大未来。

中国无线科技有限公司执行董事兼总裁蒋超认为:"第一,大数据可以快速帮助财务建立财务分析工具,而不是单纯做账;第二,大数据应该不仅仅局限于本公司的大数据,更为重要的是学会怎样利用其他公司的数据。比如一家公司在规模尚小的时候,对工资、薪水一直不知道怎么去定级,什么部门大概是什么工资水平。后来通过找咨询公司做薪酬分析,给出了合理的定位。原因就在于这些机构有数据库存,有庞大的数据来源,可以帮助企业更好地进行运营管理。"

从政府会计管理的角度分析,大数据技术为会计管理者提供了一个广阔的空间。

广东省将全省 180 万会计持证人员的信息汇总录入会计管理信息系统,扩大数据收集广度、推进数据挖掘深度、加大数据使用力度。收集、存储、分析数据是发现和提取数据潜在价值的三个必要环节。依托现在的会计管理信息系统，广东省会计处搭建了一个会计从业人员信用体系，详细记录着每一位从业人员的信用状况。那些参与做假账、违法违规的会计人员的所有劣迹全部都会被记入信用档案，并公开曝光，这对于有效推动会计管理工作意义重大。同时，会计从业资格考试时所需要的辅导资料、注册会计师在年报审计期间关于审计准则的相关注意事项等，均可以通过会计管理信息系统获取。借助大数据平台，广东省为会计人员提供了一个汇集会计信息的大数据库。①

吉林省东丰县利用大数据技术，通过搭建"行政事业单位集中财务管理系统"，实现了以"财务支出全监控、会计数据大集中、部门决算自动生成"为特点的财务管理新模式。大数据技术使该县财务系统数据更加真实，会计核算和监督模式更加规范。

大数据助力营销变革

在大数据时代，企业已经遇到了非常严峻的挑战。大数据来了，品牌可能会被颠覆，会被重新洗牌，很多传统品牌如果不与时俱进、"不识时务"的话，那很可能在未来几年就看不到它们的身影了。实际上现在已经出现了这种现象，只是还没有大规模蔓延而已。

关于品牌，从常规的认识来说，品牌是一种识别的标志、一种精神的象征、一种价值理念，是一种产品品质优异的核心体现。品牌是企业或者产品拥有者与消费者之间通过各种营销方式进行沟通的抽象表现。品牌价值源自消费者，它追求让消费者普遍认知继而消费，而不是仅仅将重点放

---

① 屈涛.广东会计管理启动"大数据战略"[N].中国会计报，2013-04-26.

在营销推广上。随着科技进一步推动互联网的发展，大数据为品牌带来了新的挑战。

面对大数据来临的各种变化，企业、消费者必须与时俱进。以前的企业掌握信息具有绝对的主动权，企业可以通过各种途径收集数据。它们做调查，然后汇总使用，并去影响消费者，而彼时的消费者能做的就是接受。20世纪90年代的娃哈哈、恒源祥都是通过借助电视广告迅速成长起来的品牌，那时候企业是主动的，它怎么说消费者就只能怎么听。所以在20年以前，企业掌握信息的主动权，消费者是没有办法选择的，企业传递的可能未必是消费者心里要接受的信息。

现在的情况又如何呢？这是以消费者为主的时代，是真正的顾客至上的时代。每个人手里的Pad、PC、手机、可穿戴设备、家里的机顶盒等电子工具，跟企业所拥有的渠道是一致的，企业和消费者之间所获取信息的渠道和数量并没什么差别，你知道得多了，信息就透明了，换句话说消费者都变聪明了。现在的企业说什么的时候，消费者不会轻易就听从，而是肯定会琢磨一下。所以，消费者现在具备了跟企业之间获取信息抗衡的基础条件，在这种新的条件下，企业只要满足消费者的需求就很容易产生品牌。大家熟知的小米、淘宝都是因真正做到了以消费者为主，充分满足消费者的需求而获得成功的品牌，它们借助互联网的交互而不是打广告形成了自己的品牌。消费者和企业面临的环境都发生了变化，发生变化的基因就是互联网带来的。企业要学会以消费者为中心，将市场的关注重点从产品转向用户，从商家的供给控制变成用户需求的积极响应，从说服客户购买转变为让用户加深对产品的理解，从品牌传播走向品牌对话。

从品牌传播走向品牌对话

大数据对于品牌的价值并不在于数据本身,而在于以什么样的思维方式去深入挖掘数据背后的价值,解决具体问题,进而实现品牌传播走向品牌对话。

学会运用大数据思维

大数据是用来解决问题的。目前所有人都在被各种机构收集像运营商信息、银行信息、医院的病例等这样的数据,这些数据被收集后充分利用了吗?好像没有。例如,我每次去医院,都还是一切从头再来,为什么不推行电子病例的共享呢?为什么每去一家医院都必须重新买一本病例呢?所以说,现在真正用大数据解决问题的并不多,即便是拥有大体量数据的一些机构也没有用这些数据去解决问题。

这实际上是一种思维方式在作祟。对于大数据时代的品牌管理,企业领导者也需要运用大数据思维来解决问题。现在很多政府部门、企业机构甚至个人都在开展大数据的相关培训,以培养大数据思维,把以前传统的不合时宜的思维习惯摒弃,从因果关系的串联思维转变为相关关系的并联思维。今天的大数据让相关性研究体现出更大的价值,也让品牌的传播思路与路径发生了转变,所以大数据首先改变的应该是品牌管理者的思维方式。

大数据背后的价值

大数据不是一个概念,它是解决问题的一种有效手段。如果只有数据而没有开发应用,没有洞察分析,那它只是一堆数据垃圾,而且越大越麻烦。现在国内关于大数据的一些交流主要聚焦在两端:一端在云上,讲概念、讲励志,让你热血沸腾;一端在服务器里,讲 Hadoop、讲 Java、讲 C

语言,让你像听天书。那么,这两端是有了大数据概念以后才存在的吗?显然不是,一直以来就有。这两端如果一直关联不起来,能解决问题吗?当然不能。只有让云端的理念落到地上,让服务器内的技术应用到实践中去解决需要解决的问题,才是我们致力追求的一个完整的业务形态。

现在有了大数据,建设品牌的方式就要跟传统有所不同。谷歌、百度在大数据方面有天然优势,它们的数据库里面存储的都是基于需求的搜索数据。想了解什么,百度一下,相关的信息就出来了,然后进行分析判断。这对于了解需求、预判趋势是非常有价值的。

大数据让品牌管理更实时、更时尚

大数据让品牌管理变得更实时、更时尚,也更个性化。现在很多企业做新媒体推广时,其创意都是实时的、动态的。因为今天的信息需要及时发出去,否则过了今晚消费者关注的点可能就转移了。特别是在社会化营销成为主流的环境下,想促进其品牌在市场中的知名度和人气,就必须要建立一个良好的客户关系,而大数据在其中发挥的作用变得愈发重要。

大数据分析可以让品牌营销更有效

对于企业而言,了解用户的需求和喜好,能够有效帮助企业锁定目标市场,制定有针对性的品牌营销策略。大量数据的涌入有助于品牌确定产品改进的方向,为用户提供具体的相关服务。当用户浏览网页或登录社交平台时,他的每一个行为都会被互联网忠实地记录下来,包括用户上网的时间、浏览轨迹、转发和点赞分享的内容等;而随着时间轴的增加,用户的数据越来越丰富,用户的行为特征越来越明显,用户的数据质量也越来越高,随着现代数字技术的发展和成长,企业对用户的偏好分析也变得更加精准。毫无疑问，大数据让企业更加了解用户了。

对于品牌营销人员来说，同样也要面对大数据的转变。在没有使用大数据分析之前，营销人员没有办法追踪客户的购物模式，或者不知道客户喜欢什么样的品牌、产品和服务。大数据可以让他获得新的营销观念，使品牌更加适应市场需求；企业可以采用不同的营销策略，为客户提供更好的产品体验。大数据分析可以让营销人员看到市场趋势，修正薄弱地区的营销策略和营销方向。

未来的营销人员需要收集更多的数据，通过分析提取有价值的客户信息，提高品牌与用户间的交互，使其更贴近客户。不适时转变的营销人员可能会被淘汰，这是必然的趋势。如果现在的营销人员还和以前一样，去跑店，去说服客户购买你的产品，那么这个营销人员已经落伍了。因此，营销人员在面对大数据挑战的品牌管理中扮演着很重要的角色。

移动智能终端产品的广泛应用，使得大规模社会化传播成为现实，也使得传统的品牌公共传播的策略、内容和形式都发生了变化。大数据时代下，在海量数据中找到品牌公关策略的切入口，与消费者进行沟通对话，才是大数据真正的价值体现。

2017年4月28日，第四届中国品牌口碑年会在北京召开，会议主题为"以人民的名义，给优质产品点赞"，会议第四次发布了《中国品牌口碑年鉴》，指导百姓消费的《2016年度中国品牌口碑数据参考》同期推出。口碑年鉴涉及快速消费品、耐用消费品、生活服务三大类15个种类近60个小类品牌，涵盖家用电器、消费电子、家居日化、食品饮料、汽车、医药、孕婴童等和百姓生活息息相关的各个行业的年度中国好口碑品牌榜单出炉，其中三元、澳柯玛、露安适、飞利浦新安怡、宝可思 ICC 国际儿童会等品牌被评为"2016年度中国好口碑品牌"。国内大数据、口碑营销、公共关系等领域知名专家及行业权威人士 300 余人出席了会议，与会嘉宾的发言进一步印证了"从品牌传播走向品牌对话"的必然趋势。

中国统计信息服务中心副主任王海峰表示，开展消费者满意度和品牌口碑的研究和测评，向社会发布品牌口碑指数，在发达国家已成为经济活动中的一项常规性工作。1989 年，瑞典率先建立和发布了全球第一个国家顾客满意度指数，德国、美国、新西兰、加拿大、韩国等先后建立了本国的监测体系。"上帝"的声音必须认真聆听，消费者的需求必须积极响应。过去的市场竞争主要是靠数量扩张和价格竞争，现在正逐步转向以质量型、差异化为主的竞争，企业尤其需要关注市场的变化、关注顾客需要的变化，关注品牌口碑。而品牌口碑显示的消费者对产品消费的直接感受，体现的是"顾客就是上帝"的品牌追求，与行业发展呈现高度一致性，结果发布甚至会对股市产生影响，可誉为产业发展的晴雨表。在个性化、多样化消费渐成主流的背景下，在互联网广泛普及的新时代，众多消费者将依据自己内心感受和别人的经验判断，在产品和服务质量中充分体现消费者主张，已经成为品牌经营的新要素。①

---

① 第四届中国品牌口碑年会召开，2016 口碑年鉴、消费指南发布［EB/OL］.中国新闻网，2017-04-28.

基于大数据技术的品牌口碑研究

2013年,中国统计信息服务中心启动的"中国品牌口碑指数研究(C-BRI)"口碑建设项目,就是我率团队基于用户碎片行为研究的大数据交互过程,也是CSISC在大数据研究应用领域探索性成果的展现。涵盖快速消费品、耐用消费品、生活服务等领域近40个类别的口碑研究成果,给行业、社会及品牌主带来了新的启发和顺应时代的发展机会。

口碑指数评价体系是指运用多个指标多方面地对一个组织或品牌进行评价的方法,其基本思想是遵循科学性、导向性、综合性、可比性、可操作性等原则,多方面选择多指标,并根据各个指标的不同权重进行综合评价。其监测载体为网媒新闻、微博、贴吧、博客、论坛社区等。数据获取方式为:基于中国统计信息服务中心研发的大数据监测系统和智能化的蜘蛛爬虫技术,以域名为单元、关键词为导向的互联网内容监测系统,24小时实时监测抓取信息,通过人工分拣,并进行百度定向检索,获取符合甄别条件的有效信息。部分数据采用存量或者使用抽样数据。

品牌口碑指数主要由品牌知名度、消费者互动度、质量认可度、企业美誉度、产品好评度、品牌健康度六个指标组成。

品牌知名度是指某一品牌或组织的信息在网络中传播的广度,主要依托于中国统计信息服务中心大数据监测平台数据和搜索引擎的搜索结果统计分析。一般而言,品牌知名度指数越高,口碑指数越高。

消费者互动度是指某一品牌或者组织在网络各大论坛以及博客中被讨论的程度。这一指标表明某品牌或组织在网络中的信息传播深度,主要以样本网站搜索引擎的搜索结果为依据。一般来说,消费者互动度指数越高,口碑指数越高。

质量认可度是指消费者在关注行业、品牌之后，继续关注某品牌的产品功能、产品质量等内容。一般来说，质量认可度指数越高，口碑指数越高。

企业美誉度是指特定的正面民情事件给品牌或组织网络声誉带来的改善与提升程度，其分值越高，组织网络声誉越好。企业社会责任感高低也是口碑研究的重点要素之一，消费者选择某企业产品，很多时候也取决于该企业的社会形象，直观反映为企业社会责任形象。

产品好评度直接影响某品牌的口碑指数高低，好评度指数越高，口碑越好。该研究以各大电商平台的产品评价信息数据为研究对象，对某产品的好评总数与所有评论总数进行指数比对，得出产品好评指数。为全面纵向反映所有品牌的评论状况，本指标研究持续采取历史基数累计。

品牌健康度是指某品牌产品或服务在销售之后所产生的消费者投诉，其反映在企业售后电话、网络投诉、12315消费投诉、电商差评等各种渠道上，各种投诉像病灶一样侵蚀品牌的健康，大量的消费者投诉信息将直观反映某品牌的健康程度，投诉越少，品牌健康度越高。该指标研究主要采集研究对象的网络投诉数据，投诉指数为消费者对某产品投诉量与对同类产品或服务投诉总量的比值，被视为品牌健康度。

以下是中国统计信息服务中心联合中国质量新闻网发布的2015年上半年《国产婴幼儿奶粉品牌口碑研究报告》，在这个报告中，可以看到基于大数据的梳理，不同的企业展现出不同的核心竞争力，大数据真的让品牌营销飞起来了。

三元续写口碑辉煌，飞鹤关山黑榜受累垫底
——2015上半年国产婴幼儿奶粉品牌口碑报告发布

中国统计信息服务中心大数据研究实验室（首页大数据）联合中国质量新闻网、千龙网在7月17日发布2015年上半年《国产婴幼儿奶粉品牌口碑研究报告》（以下简称《报告》）。《报告》以市场表现比较活跃的品牌作为监测研究对象，通过对网络在售的267个品牌进行监测研究，根据声量级筛选出2015年上半年表现活跃的21个国产婴幼儿奶粉品牌进行研究，分别是爱迪生、澳优、贝因美、飞鹤、关山、光明、合生元、荷兰乳牛、红星、花园、君乐宝、明一、南山、欧世蒙牛、三元、圣元、施恩、完达山、味全、雅士利、伊利（以上品牌均按字母顺序排列，如图6-1所示）。

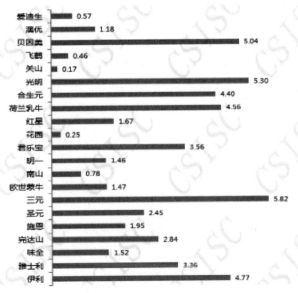

图6-1　2015年上半年国产婴幼儿奶粉品牌网络口碑指数

资料来源：CSISC大数据研究实验室

从 2015 年上半年国产婴幼儿奶粉品牌网络口碑总体上来看,三元、光明以及贝因美三个品牌凭借其自身的不同优势,在口碑指数总榜单中领先于其他品牌。除此之外,荷兰乳牛在上半年的表现犹如一匹黑马杀进榜单,在产品好评度评价、品牌健康度指数评价中脱颖而出。

与上一年度相比,三元继续秉持"坚守好品质"的发展理念,在质量认可度以及企业美誉度方面取得极佳成绩,使得其网络口碑总指数再占上半年口碑鳌头,而在上一年度表现优异的飞鹤乳业,则因 2015 年上半年接连出现产品抽检不合格等负面新闻,导致在本次的网络口碑评价中成绩直线下滑。除此之外,关山、和氏、雅贝氏等一些中小品牌奶粉的活跃度和口碑表现也大不如前。

中南财经政法大学 MBA 合作导师、中国统计信息服务中心大数据研究室主任江青认为,如今的婴幼儿奶粉行业竞争非常激烈,价格战、渠道战此起彼伏,奶粉企业如何才能重新抓住消费者的心?花哨的营销手段,抑或是打低端价格战是目前许多奶粉企业的选择,但在很多业内人士看来,这并非长久之计。品牌的形象在产品负面新闻面前不堪一击;低价策略仅仅在短期内或许可以为某家公司博取眼球和拉升销量,但长期作用非常有限。这些问题的关键就在于,互联网时代极大地消除了信息不对称,消费者愈发趋于理性,奶粉行业从比价到比质的拐点已然到来,对于奶粉企业来说,将告别低价为王,迎来产品为王、口碑为王的时代。只有严控产品品质,才能塑造出高端奶粉企业。该报告的发布,从一定程度上可以让奶粉企业意识到走品质化战略道路才是奶粉企业长足发展的有效途径。然而这些数据的出台,必须有大数据支持!

07
大数据推动数字中国建设

Digital

China

Big Data and Government Managerial Decision

打通智慧城市"最后一公里"

2015年5月,国际教育信息化大会开幕,国家主席习近平在贺信中说,当今世界,科技进步日新月异,互联网、云计算、大数据等现代信息技术深刻改变着人类的思维、生产、生活、学习方式,深刻展示了世界发展的前景。

20世纪90年代,"智慧城市"这一理念即在世界范围内悄然兴起。许多发达国家将城市中的交通、水、电、气、油等公共服务资源信息通过互联网有机连接,更好地服务于市民生活、工作、学习、医疗等方面的需求,以及改善政府对环境的控制、交通的管理等。

建设智慧城市的目的是提高人居质量,而大数据是提高人居质量的"高手"。大数据驱动下的智慧城市,会给每个人的生活带来便利,如天气预报会告诉你每天的空气污染指数、穿衣指数、驱车安全指数等。2009年,迪比克市政府与IBM公司合作建立了美国第一个智慧城市。它们利用物联网技术,在一个有6万居民的社区里将各种城市公用资源连接起来,监测、整合和分析各种数据以做出智能化响应,更好地服务市民。迪比克的第一步是向住户和商铺安装包含低流量传感器技术的数控水电计量器，以防止水电泄漏造成的浪费。迪比克同时搭建综合监测平台，及时对数据进行分析和展示，整个城市对资源的使用情况透过数据做到了清晰掌握。

欧洲的智慧城市发挥信息通信技术在城市生态环境、交通、医疗、智能建筑等民生领域的作用，发展低碳住宅、智能交通、智能电网，提升能源效率，应对气候变化，推动城市低碳、绿色、可持续发展。新加坡则通过各种传感器数据、商业运营信息及丰富的用户交互体验数据，为市民的出行提供实时、有效的交通信息指导。

就我国而言，随着2014年国家发改委等八部委《关于促进智慧城市健康发展的指导意见》的联合下发，智慧城市建设正式进入顶层统筹期。2015年2月，由26个部门和单位组成的"促进智慧城市健康发展部际协调工作组"建立，正式开始全国智慧城市工作的统筹落地。最近几年，部门之间的信息壁垒逐渐破冰，一些智慧城市的局部智慧应用样板也应运而生。以银川为例，政务信息化打通了12个单位的23个系统，市民可以选择任何一个窗口一次办完所有的申请，信息则在不同部门间流转，企业申请商事登记时间从一个月压缩到了一天。目前，银川全市各级部门开通党务政务微博515个，形成了规模化、系统化运行机制，构建了市、县（区）、镇三级政务微博平台组织体系和水、电、暖、燃气、公交等关系民生的公共服务体系。遇到问题，只需@问政银川，即可限时办结诉求，办结率高达97.1%。同时，政务微博还私信网友对问政满意度进行打分评价，对懈怠办理进行监督问责。

再如江苏如皋、北京通州等地的智慧城管，依托感知、分析、服务、指挥、监察"五位一体"的城管物联网平台建设，依托遍布全市区的高清摄像头和网格员队伍，实时监测、采集相关城市管理的数据，及时分析帮助城市管理，较好地强化了服务能力建设，提升了快速回应群众诉求的互动能力和应急管理能力，实现从数字城管向智慧城管的跨越，改善了城管的形象。

但是，我们也应该看到，我国的智慧城市建设虽然进行了将近十年，却依然没有成熟的智慧城市案例，我认为智慧城市的核心就是大数据应用，这可以打通智慧城市建设的"最后一公里"。更重要的是，建设智慧城市的关键是实现跨部门和面向社会的大数据开放，是面向民生等各个领域的大数据应用，以打造更宜居的城市环境、更智能的城市生活、更幸福的百姓体验，倒逼政府职能的转型、实现行政流程的再造，这是一条可行的道路。

数字中国建设需要智慧城市的逐步建成，这并不是一朝一夕就能完成的，它需要地方政府对顶层规划的理解，根据自己城市的历史、文化、资源和战略定位制订设计规划。政府与相关企业需要共同肩负起责任，基于智慧城市，建设数字中国。

传统政务向电子政务转型

20世纪80年代以来，英、美等西方国家兴起了一场以重塑政府部门为目的的新公共管理运动。而大数据时代的到来更加快了西方国家公共管理的变革。

随着互联网技术和数据分析技术的快速发展，政府、市场和社会各个要素都呈现出与以往不同的新型特征。对西方国家来讲，传统政务向电子政务加速转型，实际上就是提高政府的工作效率，让有限的政务资源尽可能多地获得应有的政府管理效用。

电子政务是建立在信息化基础之上的，也就意味着一个政府信息化程度越高，它的电子政务就会越发达。美国前总统奥巴马认为："人民知道得越多，政府官员才可能越负责任。"美国的数据开放和共享一直走在世界前列，奥巴马提出把政府数据用通用的标准化格式推上互联网，"让公民可以跟踪、查询政府的资金、合同、专门款项和游说人员的信息"。

2012年5月，美国公布了数字政府战略，信息技术的发展使数据开放的目标得以实现，公众可以随时随地通过任何设备来获取政府信息和公共服务信息。例如，美国于2014年建立了税收方面的共享数据库，通过该数据库，纳税人可以查询到个人近三年的纳税记录，以更加便捷地进行抵押、贷款。

开放的数据带来了开放的政府，从传统政务到电子政务的快速转变有利于构建更加开放透明的公共部门。加拿大也是由传统政务向电子政务转型的主要代表国家。"政府在线"项目通过整合各种分散的信息资源，对各种公共服务项目进行汇总编排，旨在为公众提供在线服务，以便公众能够更加便捷地获取公共服务资讯。

政府的公共服务涵盖了民生的各个领域，大数据可以帮助政府优化公共服务流程、简化公共服务步骤、提升公共服务质量、发展国家经济，让百姓生活得更幸福。基于海量数据的政务公开保障了公民的知情权，也为公众提供了更全面的数据服务。把信息的力量放到公众的手中，大数据时代的电子政务无疑有助于政府公信力的提升。

新公共管理运动以来，西方发达国家的公共部门注重以公民满意度为导向，注重对效率的追求并实施明确的绩效目标管理。坚持服务取向使政府不再是高高在上的发号施令者，而成为优质、高效公共产品的提供者。信息技术和数据分析技术的进步为提供更优质、高效的公共服务奠定了技术基础，政府能够运用更先进的技术手段改变公共管理的方式，实现以往很难实现的公共服务目标。

应急管理是其中的重要内容。大数据时代，通过利用大空间尺度的数据库和传感器，政府能够快速获取地理、人口、灾害等方面的数据，更快捷地为应灾、救灾奠定基础。美国在黄石火山安装了数百个观测仪器，仪器观测的数据分为常规数据和异常数据，异常数据越多，自然灾害发生的可能性就越大。观测数据实时传递到预警系统，由预警系统进行快速甄别并通过网络对外发布。日本"3·11"大地震后的海啸预警也是大数据运用的典范。"3·11"大地震后，美国国家海洋和大气管理局快速发布了海啸预警。之所以反应迅速，在于美国建立了覆盖全球的庞大的海洋传感器网络。通过海洋传感器，美国国家海洋和大气管理局能够及时获取并分析大量海洋信息，促进灾害预警的及时发布，为公众的人身安全和财产转移赢得了时间。①

另外，随着数据存储成本的降低和数据读取速度的加快，警方能更多地存储各种社会信息以备执法和犯罪预警使用。如洛杉矶警方将基于数据

---

① 马丽.大数据时代的西方公共管理变革［N］.学习时报，2014-12-08.

分析的"犯罪热点图"运用到了日常工作中，在犯罪热点区域加强巡逻的警力，有效降低了辖区的犯罪数量，维护了辖区的治安。

随着互联网的发展，不同组织、不同部门之间的联系愈加紧密，国家和社会之间相互依赖性变得越来越强，这为社会治理、国家创新、经济发展带来了非常好的基础，这个基础就在于沟通是及时的甚至是实时的。

西方国家开发了若干的 App，这些 App 可以被民众拿去使用，后台再把这些老百姓使用的数据收集上来，然后加以分析。例如，美国卫生服务中心开发的用于流行病的 App，就诊、就医 App 都已经跟老百姓的日常生活捆绑在一起。在这样一个信息支撑和数据支撑的基础之上，政府对社会的管理一定会游刃有余，至少它可以在第一时间知道社会发生了什么，在第一时间知道发生的原因是什么、如何应对以及未来会怎样。

荷兰学者瓦尔特认为："作为治理的公共管理，遇到的主要挑战是处理网络状，即相互依存的环境。"而大数据时代为处理网络状环境提供了进一步的可能。

首先是政府各部门之间协作化程度得以加深，整体政府的改革趋向得以加速。网络状的环境和扁平化的社会要求不同公共部门之间能够加强合作，充分而不重叠地利用资源，以公众需求为导向，提供无缝隙而不是碎片化的公共服务。数据收集和处理技术的发展能够为部门之间降低协调成本提供信息基础，并使进一步地整合部门成为可能。例如，美国的交通管理局和治安管理局原是两个独立的部门，在一次数据分析中，它们发现治安案件发生的地点、时间和交通事故发生的地点、时间有着高度重合的特征，因此两个部门开始了联合执勤并取得了良好的效果。

其次是政府、市场、社会合作共治的治理模式进一步深化。治理理念的出现，源于集权化和官僚制的管理手段在实践中出现的一系列问题。治理相对于管理而言，有着更丰富的内涵，它既注重政府机制的使用，也注重非正式、非政府的机制在提供公共产品上的作用。从管理到治理，单一的政府主体地位被打破，取而代之的是多种公共产品供给主体的新模式。大数据时代，一些企业在数据存储和挖掘上已经走到了政府前面。企业有着对大数据运用的天然敏感性，基于消费数据、信用卡数据挖掘的精准营销即是一例。谷歌公司通过大数据分析预测流感爆发，这是企业通过大数据分析在公共服务上发挥作用的典型案例。社会也在运用大数据参与公共管理上发挥了越来越大的作用。例如，一家位于华盛顿的公益组织将美国联邦政府的全部开支数据统一发布在同一个网站，使公众能够更好地查询和监督联邦政府的开支和预算。这种来自社会力量的监督对政府行为构成了有力规范。

政务数据的开放与应用

大数据在国内应用的最早起步还是互联网行业，现在正逐步往金融、电信、工业乃至政务等各领域延伸和渗透，并产生了巨大的社会价值和产业空间。

政府部门、公共部门掌握的数据分为四类：第一类是履职数据，即政府部门在办理审批业务、服务业务过程中采集或产生的数据，这些数据一般在工作流程中产生，如政策文件、具体措施、工作会议、行政服务等；第二类是统计调查数据，即统计相关行业部门进行的统计、调查、汇总数据，政府核心业务的数据化率、数据的数字化率使用程度是应该重视的；第三类是环境数据，这些数据更多的是通过物理设施采集的，如路上安装的摄像头、线圈、水温测试仪，以及其他途径采集回来的数据，这类数据的特点是实时、非结构化，如音频、视频等；第四类是互联网数据，这些数据是围绕政府职能以及履职过程中引发媒体及百姓关注和评论的社情民意数据，以百姓满意度为标准的现代公共管理应该重点重视这类数据。这四类数据构成了政务大数据，其特点非常明显：体量大、种类多、价值更大，但是垄断性强、获取难度比较大。

在政府管理方面，有很多应用大数据的地方，例如，舆情监测、履职评估、产业规划、诚信监管、审批服务、形象管理、口碑研究、智能交通、疾病管理等。部分地方政府在进行审批服务的时候，与市民和企业会产生很多互动，特别是政府的呼叫中心。对这些服务数据进行深入挖掘，分析出一些有价值的新东西，能够提供更好、更精细化的服务，以更好地了解市民的所思所想，了解他们的需求。政务大数据在传统的模式基础上，还需要引进新的知识、新的技术，进行相互补充、相互融合、相互处理，形成共赢模式。

政府大数据应用需要政府数据的开放共享机制，在这方面已有先例。北京市的基础信息化非常完善，网络系统覆盖面广（包括有线网、无线网），政府核心业务的信息化覆盖率达到95%以上。法人单位基础信息库、人口基础信息库、宏观经济信息数据库、自然资源和空间地理基础信息库四大基础库以及各行业主题库建设基本建成，目前已有350多个信息库分布在各个行业的重点领域。2011年，北京市建成应急物联网工程，即大数据应用的基础设施；北京市六里桥地区则规划了一个6000平方米的政务云机房。

此前，经信委、工商局及其他一些地税、海关、统计等部门都按照各级口径统计数据，领导问北京市到底有多少家中小企业、它们是谁时，却只能说"按照这个口径是这个数，按照另外一个口径是另外一个数"。口径不一致，结果不相同，这应该是所有地方政府都存在的问题。北京市在做的就是改变这样的方式，由共享交换向融合共享进行转变。在进行政务信息应用的时候，让采集数据源多样化并相互补充，以达到更权威、更统一的数据。2012年，北京市政务数据资源网成立，这是由北京市经信委牵头，北京市各政务部门共同参与建设的，能够向社会的企业和个人、开发者开放的政府数据网站。网站主要提供数据下载服务、原始数据、地理信息数据、在线服务等，目的就是协同使用分散在各单位的政府数据。

政府大数据的应用还要有一个资产化的过程，企业进行资产化已经走在前面。北京中关村成立两家大数据交易平台，但是对于资产化管理来说，只是交易，并不代表资产化管理的全部。如果个人信息保护、政府信息共享和开放、资产化管理这三个问题不解决，政府大数据的应用就不会有一个良好的成长环境。

目前在我国，国家和地方政府对数据管理已经相继出台了一些相关政策，对政务数据的管理和使用做了一些指导性规范。如对涉及人、涉及企业的数据，不是随便就能使用的，需要遵守相关的法律法规和规则。数据的使用和开发，必须以制定内部的保护政策为前提，只有在保护的基础上才能开放、才能共享、才能提供使用。

在这方面，作为我国经济欠发达省份的贵州，已经有了充分的认识并已开始行动。据了解，按照 2014 年 GDP 数据，贵州在 31 个省、市、自治区排名低于新疆，略高于青海、西藏，位于倒数第六。由于地理、交通等因素的影响，在与各地的经济竞争中，贵州一直相对落后。然而，现在贵州把宝押在了大数据上。以 2014 年 2 月贵州省政府印发实施《贵州省大数据产业发展应用规划纲要（2014 — 2020 年）》为标志，贵州省开始将大数据产业定为本省经济发展最重要的战略，并成为首个开放政府数据的省级政府。2014 年贵州省启动并完成了"云上贵州"系统平台建设，这是全国第一个实现省级政府、企业和事业单位数据整合管理和互通共享的云服务平台。在首届"云上贵州"大数据商业模式大赛中，贵州开放了电子政务、智慧交通、智慧旅游、工业、食品安全、环保、电子商务等 7 朵云的数据目录与贵阳市部分交通数据，供参赛选手创新商业模式。大赛共收到来自美、法、德等 10 多个国家和地区，北京、上海、广东等 20 多个省市，清华等国内多所高校的一万多个项目报名，从数据整合到数据应用，从民生服务到商业服务，项目涵盖教育、金融、农业、医疗、旅游、公共服务等多个应用领域，取得了较好的效果。

2014 年 1 月，贵安新区被批复正式成为国家西部大开发设立的五个重点新区之一，2015 年 2 月又被批复为全国第一个大数据产业发展示范区，目前已经吸引了移动、联通、电信三大运营商的进驻。三大电信运营商计划投资超过 150 亿元建设全国性数据中心；此外，富士康、京东、阿里巴巴等企业也有相关的项目进驻贵州。

美国的政府数据公开用了 18 年，我国应该也不会等待太久，因为这是大势所趋。

破信息孤岛，促民生服务升级

大数据越关联就越有价值，越开放就越有价值。政府应该带头开放政府治理过程中所产生的公共领域的行政记录、公共资源等公共数据，鼓励各类事业单位等非政府、非营利机构提供在其公共服务过程中产生的业务数据，努力推动企业等营利性组织开放其在生产经营、网络交易等过程中形成的相关数据。经济社会发展过程中所需要的各类数据资源，需要在政府信息公开不断加强的基础上，加大数据的开放和共享，建立起公共服务领域的数据公约组织。近年来我们欣喜地看到，一些地方政府、部委机构、企事业单位，已经开始破冰数据开放和共享工作，相信不久的将来，随着数据管理越来越规范，数据隐私保护措施越来越好，技术能力越来越高，数据的共享和开放将释放出更多的价值。

从打破信息孤岛开始，深入开展综合化、网格化、信息化服务管理改革，将社会安全感、群众满意度、群众幸福感、居民健康指数、流动人员管理、社会治安隐患等城市化进程中凸显的社会问题梳理成一项项综合数据，进而决策，形成大综合、大服务、大管理的公共服务格局。

将大数据应用于政府公共服务领域，有关这方面的成功案例已有很多。比如，北京市"12345"便民电话中心作为北京市非紧急救助服务综合受理调度平台，能够整合全市的便民呼叫服务，支撑来自群众的各类求助、诉求、批评和建议，并可为公众提供方便、快捷的公共信息服务。再如2015年正式上线的江苏无锡"一中心四平台"（城市大数据中心和电子政务、城市管理、经济运行、民生服务四大综合信息服务平台），汇聚了来自无锡34家委办局的5799个数据项、1.4亿余条数据，基本建成人口、法人基础信息库，实现了电子政务、城市管理、经济运行和民生服务四大领域运行情况的实时展现和数据挖掘分析，初步形成了"全市政务数据统一部署，基础数据统一集聚，业务数据深度融合，应用数据深入挖掘，主题数据跨地区、跨部门、跨层级共享，目录与交换体系全面完善"的大数据生态体系。尤其是依托这些平台而建立的"市民网页"，通过聚合与市民、企业密切相关的信息和服务，为每个无锡市民量身打造其专属的个性化门户网页，提供政务信息订阅、信息和服务定制、政民互动等功能。目前，市民网页可提供市级958项公共服务事项的办事流程查询，并实现了人社、公积金等24个公共服务信息的在线查询和办理。[①]

类似北京和无锡的"政府借助大数据提升公共服务"的案例还有很多。那么，随着流动人口的不断变化和增加，政府提供的这些服务是否能让其中的每一个人，包括外来人口都能享受到呢？建立起一个集人口、法人（机构）、房屋信息的数据库，很多有意思的事情就发生了。比如，综合分析家庭住址和工作地址，你会发现，有一个像北京天通苑这样的社区，住的人特别多，离市区中心又特别远。其中，有很多人要到像国贸这样的地方去上班。这时候，政府就要考虑一下，是不是要在这两个地点之间多增加几个班次的公交。线路怎么设计，发车频率是多少，这都能通过数据计算出来。

目前在很多城市，老年人可以免费坐公交，这被看作一项彰显社会进步的民生之举，但是你在上车的时候，是要出具"老年优待卡"的，只有

---

① 刘纯.无锡城市大数据中心上线［N］.无锡日报，2015-12-26.

具有本地户口的老年人才能办理优待卡。而在深圳智能交通指挥中心，我们得知，这里65岁以上的老年人，无论是外地来的常住人口，还是普通游客，只要刷身份证都可以免费乘坐公共交通工具，这就是公共服务均等化。还有一个例子，现在深圳在各个社区建立了大量的社康中心，要求无论是户籍人口还是流动人口，都得为其提供"同等服务、同等标准、同等保障、同等考核"的公共卫生服务。在人口、法人、房屋信息集成系统中，你可以看到全市人口的分布和结构，也能看到全市社康中心的分布，哪个地方医疗资源过于集中，哪个地方相对缺乏，看得一清二楚。然而，所谓"均等"，不是"平均"，不是撒一把盐就完事的，还得对医疗卫生资源进行合理有效的配置。例如，在工业园区附近，社康中心的人员、设备配置就得侧重于计生、人流方面；在老年人聚居的社区，则对慢性病的治疗有很大的需求。[1]

以上案例告诉我们，如果把公共服务简化成一个公式，那么它的分母就是人口，分子就是公共服务，均等化的第一步就是摸清到底有多少人口、政府在当前和未来能提供多少公共服务。只知道人口数量还不行，还得知道人口结构，有多少老人和学龄儿童、多少户籍人口和暂住人口、多少人来这里经商和旅游。这一切，大数据都可以告诉你。

大数据支撑公共服务均等化

2020年实现全面小康、实现基本公共服务均等化目标是最主要的衡量标志。国务院《"十三五"推进基本公共服务均等化规划》指出："我国

---

[1] 孙晓莉.大数据时代背景下的公共服务优化［C］//海峡两岸"行政改革与公共治理能力现代化"学术研讨会论文集.2015.

基本公共服务还存在规模不足、质量不高、发展不平衡等短板，突出表现在：城乡区域间资源配置不均衡，硬件软件不协调，服务水平差异较大；基层设施不足和利用不够并存，人才短缺严重；一些服务项目存在覆盖盲区，尚未有效惠及全部流动人口和困难群体；体制机制创新滞后，社会力量参与不足。"国家统计局数据也显示，我国基本公共服务均等化建设虽取得积极成效，均等化状况得到改善，但均衡发展水平仍需进一步提升。

义务教育、公共卫生、基本医疗、基本社会保障和公共就业服务是广大城乡居民最关心、最迫切的公共服务。大数据技术既可助力政府公共服务决策和监管，也可以为社会公众提供个性化、精准化服务，还可为政府提供"均等化公共服务"做支撑。在将大数据应用于公共卫生行业管理方面，美国走在世界前列。在美国，关于不同医院的医疗质量和绩效的数据，政府是完全公开发布的。这不但有助于督促医院改进医疗服务质量，还可节约医疗成本。有资料表明，仅医疗临床决策系统一年就能为美国减少1650亿美元的医疗支出。

2015年8月31日，国务院发布《促进大数据发展行动纲要》，其中与医疗大数据相关的主要是政府数据开放共享。其主要任务有：构建电子健康档案、电子病历数据库，建设覆盖公共卫生、医疗服务、医疗保障、药品供应、计划生育和综合管理业务的医疗健康管理和服务大数据应用体系；探索预约挂号、分级诊疗、远程医疗、检查检验结果共享、防治结合、医养结合、健康咨询等服务，优化形成规范、共享、互信的诊疗流程；鼓励和规范有关企事业单位开展医疗健康大数据创新应用研究，构建综合健康服务应用等。①郑州市卫生局全力打造"医疗卫生信息化城市",建立覆盖城乡的"一个交换平台,一个数据中心,九个应用系统"区域卫生信息综合服务平台,为群众提供公开透明、高效便捷、优质均等化的公共卫生和基本医疗服务。该平台充分利用大数据思维,采集了全市打击无证行医198个责任区域和公共场所、医疗机构等12类7809家卫生监管责任人员及对象信息,实现了卫生行政管理部门、医疗卫生机构、基层卫生服务单位的信息互通、资源共享,主要解决民众对医疗卫生服务信息了解、医患沟通、传染病防控防治、突发事件、公共卫生应急等方面所面临的现实问题。②

大数据对于教育的意义同样重要,它对实现教育均等化具有积极的推动作用。在"2016教育大数据专家论坛"上,中国统计信息服务中心主任严建辉指出,大数据在重塑教育方面具有无限的潜能。我国需要一大批教育大数据研究者与实践者,充分发挥其创造性,将数据挖掘、学习分析、人工智能、可视化等先进技术与现代教育现实问题相结合。教育大数据的最终价值应体现在教育主流业务的深度融合以及智库教育变革。教育管理科学化、教育模式改革,驱动个性化学习,真正实现驱动教育评价体系重构,驱动科研范式转型,驱动教育服务人性化。当前形势下,教育大数据从战略角度应定义为推动教育变革的创新战略资产,推进教育领域综合改革的科学理念以及发展智库教育的基石。

在此次研讨会上,东北师范大学原副校长柳海民则从四个方面总结了

---

① 节选自《国务院关于印发促进大数据发展行动纲要的通知》.
② 闻有成.郑州医疗卫生服务迈入大数据时代[N].经济参考报,2014-09-26.

大数据的价值所在：一是用数据来说明现实；二是用数据来显示社会关注和价值趋向；三是用数据来帮助当事主体了解自我；四是用数据来反映教育的发展态势。他认为从未来角度来看，留下这笔数据资产对了解历史研究，了解中国教育发展的历史脉络、历史沿革以及当时的发展状态具有非常重要的作用。

大数据对于文化产业的发展助益也颇多。通过大数据技术，对大多数人的喜好进行数据分析，能够明确目标受众的品位和需求，创造出适销对路的文化产品，从而在降低风险的前提下覆盖最广的消费人群。使用大数据，能有效延长文化产品的产业链，增加文化企业的盈利点。如电影电视行业通过对观众评论的深度挖掘，发现最受欢迎的影视衍生品，开展精准的产品二次开发，甚至有可能开发出新的商业模式和业务模式。大数据分析技术在历史文化分析研究方面的成果，对于我们进一步加深了解中华民族文明发展的历史，认知、辨识中华文化"基因"，延续文脉，明确我国文化建设应加强保护、传承和对外传播的重点内容，制定国家文化发展战略具有重要的意义。第三次文物普查表明，现在不可移动文物总数已经达到了 766 722 件，可移动文物预计在 3 亿件组的规模。目前很多博物馆、图书馆，以及非物质文化遗产保护组织与部门，正在以不同方式、不同的应用目的，开展对各类历史文化资源的数字化工作，客观上形成了一个前所未有的难得的中华文化资源大数据汇集。①

在需求为王的公共文化服务领域，大数据可直接服务于公共文化产品的研发与推送，为数字文化馆建设提供良好的支撑和助力。目前，较为实

---

① 姜念云，滕继濮.用大数据技术促文化资源管理[N].科技日报，2013-10-11.

际可操作的是数字体验厅的建设。它的建设需要一定的技术支撑：第一，依托文化馆网站后台作为资源库，为其传输最新的服务内容；第二，依托多款数字应用模块，分别体验文化馆的各类艺术产品和服务；第三，在体验厅内通过数字手段全景式展现本土特色文化场景，为用户营造身临其境的视听感受；第四，将电视屏、电脑屏、平板屏、手机屏四屏联网，内容互通互动，播放展示内容可缩放、可点播、可触摸、可移动、可下载，营造一种全新的文化体验境界。①

大数据提升数字中国建设效能

发展大数据，应用大数据，必须是"管理者工程"，因为这需要调动方方面面的资源。大数据技术不是最难的，分析和研究人员也都有，关键是你用不用这些人，如何用，是否用这种思维来做这件事情。这就需要领导拍板，一个具体的部门负责人是很难协调和推动的。

数据的真正价值在于能够扫描现状，评估效果，洞察政府或者企业管理内部的运行规律。大数据的挖掘分析能为领导者科学决策提供帮助，为政府公共管理探索可行的解决路径。大数据还会成为组织管理效能的"助推器"。

大数据能使政府部门更好地了解群众的想法与需求，能够直观地找到群众意见反映最为强烈的问题，并予以解决；还可以让群众清晰地看到政府运作的全过程，有利于更好地监督政府部门的执政，建设透明政府。所

---

① 郑志玥.大数据视域下的数字文化馆建设［N］.中国文化报，2015-05-15.

以，大数据时代的领导者必须与时俱进，不排斥新生事物对传统经验的挑战，善于学习和利用各种现代信息处理技术，并将其熟练运用到工作中去，更好地为社会大众服务。

对大数据进行挖掘分析能够给组织的科学决策提供有效帮助，从而提升对经济社会发展的预测能力，为政府的公共管理和现代企业的可持续发展探索可行的解决路径。共享融合才会产生价值，大数据的推动使得数据共享成为可能。我国已经具备了信息化的良好基础，政府在社会治理过程中留存的既有数据库可以实现高效的互联互通，突破信息孤岛的瓶颈，极大提高政府各部门之间的协同办公能力。大数据应用既能提高为民办事的效率，"让数据多跑路，让群众少跑腿"，又能降低政府管理成本，最重要的是还能为政府决策提供有力支撑，来自数据的智慧将有效推动政府管理的整体水平。

企业利用大数据使利润最大化，政府部门利用大数据制定科学政策，学者则利用大数据寻找科学规律，支持经济社会发展。大数据不仅是创造价值的载体，它所能影响的还有城市管理、电子政务、舆情监测、企业管理等，一旦掌握了大数据应用之道，智慧城市的发展困局或将轻松化解。

2013年起，国家统计局提出推动大数据在政府统计中的应用，经济学博士、时任国家统计局局长马建堂曾说"谁拥有了大数据，谁就占有了制高点。就政府而言，大数据必将成为宏观调控、国家治理、社会管理的信息基础"。信息技术的发展对于政府统计部门收集数据、分析数据、发布数据提供了便利，大数据已经深入到社会的方方面面。

下面通过介绍两个案例，加深对大数据在数字中国建设中应用的了解。

案例一

2015年8月6日,《佛山日报》以"善用大数据,效能提升添动力"为题刊发报道称,高明区通过"一门式"综合执法平台,将全区31个职能部门纳入平台统一管理,全面规范和提升了行政执法水平。该模式得到了来自国家行政学院、广州市社会科学院、中山大学等多位专家学者的肯定,称其极具示范和推广价值。

举报线索"一门进",方便快捷更有效。群众如掌握举报线索,仅需拨打12319投诉热线或登录高明区"一门式"综合执法网即可。线索进入平台后,将按照各单位法定职权自动分流,做到统一管理、统一移送、统一监督……便捷的线索举报模式,获得了专家学者的关注。广州市社科院高级研究员彭澎对此很赞赏,他说政府热线的目的是方便群众拨打,但以往每个执法部门都有热线,反而给群众举报造成困扰,高明区统一归置12319投诉热线,此举方便了群众举报。国家行政学院法学教研部副主任杨小军教授认为,这种模式其实是"110"模式的放大应用,高明区将"110"模式放大到整个政府执法层面,是很好的尝试。举报线索的封闭化管理,一是方便了群众,体现了服务型政府职能,二是消除了目前行政执法中存在的不作为、慢作为和选择性作为,统一平台监管有利于规范行政,提高基层自理的能力。

制衡案件可在线监督,权力在阳光下运行。高明区的综合执法改革,没有改变原有的行政单位框架,而是借助"互联网+"模式,实现了办事流程再造,保证了权力在线监督,打通了两法衔接中的阻梗。国家行政学院法学部副教授张效羽对此评价说,他之前了解到的行政综合执法改革主要是针对机构整合,而高明区"一门式"综合执法改革则是将信息进行整合。全区

31个行政执法单位都集中进入平台管理，尤其是将公安也集中进来，还有公安提前介入机制，这点很不容易。中山大学法学院副院长丁利说："高明区的改革没有改变原有的行政单位框架，通过看似简单的流程再造，就改变了政府部门间的关系结构，也改变了游戏规则，相应的行为均衡也发生了变化。这种改革一方面让信息不再为某个部门所独有，另一方面执法部门的行动又被监督机构所了解掌握，这就使得许多利用隐藏的信息和行动进行小范围维护的部门，甚至个人利益的机会主义行为受到更多的限制。"

运用大数据改革更有效。对于高明区"一门式"综合执法平台后续发展，彭澎建议，在大数据时代，应利用举报线索"一门进"的优势，统计了解全区哪些部门投诉较集中、投诉事项多为何种事由以及区域分布密集度。在大数据分析上面，张效羽也提出了同样的建议："要利用这些信息加强分析研究，总结市民举报特点热点，以此作为政府改进工作的信息指引。"他同时指出，这项改革原理不复杂，推广起来主要取决于当地党委政府的协调能力，毕竟我国地方政府很多部门受到条条框框影响比较大，很多属于垂直管理部门，整合起来不容易。虽然现实有难度，但高明区的改革具有示范作用，值得推广。

案例二

2014年10月1日，青岛市城市智能交通管理服务系统建成并启用。这个服务系统包含一个数据中心，信息管理、综合应用、智能管理三大平台以及信号控制、交通流采集、交通诱导、信息发布、综合监视、交通执法、指挥调度、安全管理等八个子系统。

据《青岛早报》报道，该市智能交通服务系统利用大数据技术，对每日采集的1800余万条过车数据进行深度挖掘和分析，准确识别交通拥堵热点及区域，为交通组织优化、信号控制优化、嫌疑车辆追踪等工作提供科学准确的数据依据。目前，系统过车记录已达到62亿条，任意车牌可在5秒内完成检索。经百亿量级数据测试，检索时间控制在10秒以内，达到了同类系统的国际领先水平。同时，运用智能分析手段，对警情实现5分钟内自动报警，警情发现时间缩短75%。按照"警力跟着警情走、扁平化指挥、网格化管理"的原则，将市区划分为55个警区，同步构建"点巡结合、以巡为主"的路面勤务模式，实现对警情的快速发现、快速反应、快速处置。统计显示，青岛市智能交通系统启用一年来，市区拥堵点减少了近80%，整个市区早晚高峰拥堵程度明显减轻，停车次数减少45%，主干道通行时间平均缩短20%。其中重点道路山东路高峰时段拥堵里程缩短约30%，通行时间缩短25%。经调查，系统运行以来，市区整体路网平均速度提高了约9.71%，通行时间缩短约25%。

08 治理现代化与治理数字化

Digital

China

Big Data and Government Managerial Decision

大数据为社会治理提供新思路

告别"拍脑袋"决策,用事实说话,不仅仅是专家们的呼吁,也是近年来国家高层反复强调的"治国方略"之一。2015年3月5日,国务院总理李克强在十二届全国人民代表大会第三次会议上所做的《政府工作报告》中提出:"大道至简,有权不可任性。"6月17日,李克强总理在国务院常务会议上强调指出:"运用大数据等现代化信息技术是促进政府职能转变,简政放权、放管结合、优化服务的有效手段。"同时,明确指出基于大数据应用的决策数据化是政府改革创新的重要内容。

复旦发展研究院传播与国家治理研究中心主任李良荣教授也曾指出:"政府的一元意志与社会各个阶层之间的多元诉求是国家治理的重点。"必须有效全面了解动态中的民情民意,并与政府意志结合,才能形成社会的"最大公约数",形成制定方针政策的基点。

过去,开座谈会、做民情调查等方式获取民意的方法存在着覆盖面小、时效性差、反馈渠道不畅通的问题,形成了"中梗阻",且成本高。到了互联网时代,使用大数据等现代化信息技术为国家治理打开了新思路。李良荣说，从全球范围来看，电子商务、互联网金融、科技创新等发展迅猛，但政府在大数据运用上才刚刚起步。

"我们希望通过对数据的深度挖掘，以较低成本了解民情的真实情况，从而将社会的多元诉求整合到政府的治理框架中，形成更有效的治理框架。"李良荣表示，运用互联网这一新工具测量、收集、转换成数据，通过改进方法和算法的深度挖掘，才能得出对于问题的结构与逻辑性的认识，多元框架与多问题就可以有效地结合起来，变成一个上层完整、下层活跃的有机体。

而广东社科院院长王珺教授则指出，当前社会治理出现了三个特征：首先是利益主体多元化，传统的社会管理是管理与被管理者的二元结构，而现代社会治理则是以多种利益主体为基础，如政府、企事业单位、社会组织、行业组织与社区组织等；其次是大数据技术的广泛应用；最后，这也因此形成了第三个特征，社会治理变成了政府主导下的合作共治。王珺表示，传统社会管理已不适应新时期发展的需要，而新管理模式尚未建立起来，为有组织、有秩序地平稳推进，需要在政府主导下，以人为本，多方参与，共同探索合作共治新模式。

来自南京大学南海研究协同创新中心的副主任沈固朝教授，则以"以海疆维权为例"，发表了《大数据时代如何提高我国舆论的国际话语权》报告。他建议，面对海量数据，我们必须学会运用技术，将数据转化成中数据、小数据，应用到国际话语权提升的实践中。沈固朝认为，在海疆维权中建设证据链，目前国外已经有全信源情报的概念，其实就相当于"大数据"，将影像库、文献库、法律库、地图库、动态库五库关联起来。因此,他建议,建设国际话语权要从舆论、大数据、证据链三方面入手,将大数据变为用户能处理的小数据,并从小数据中提取服务于决策的情报和知识。

用大数据框架的数据汇聚与数据分析能力实现社会服务管理工作的创新,可以显著提升网格化管理和社会化服务的综合能力。汇集政府部门内部和社会的基础数据,通过动态民情民意采集系统、街道社区的居民民情日志和事件台账数据资源等扩充社会数据,有效覆盖街道、社区和网格;在数据汇集层,汇聚起人、地、事、物、情、组织、房屋等多维数据库,实现指标数据的相互关联;在数据分析层,围绕网格化社会管理、社会服务和社会参与三条主线,运用统计分析和挖掘分析技术,重点分析对人的管理和服务数据背后的规律特征;在能力提升层,政府部门基于数据分析结果实现联动和共享,政府与居民基于数据共享服务平台实现互动交流。①

借助大数据框架的相关技术,可以及时发现在经济社会转型期不同人群的公共服务需求,优化工作力量的配置,提升部门工作效率,改进基层政府管理工作,提高公众满意度。

北京市东城区社会服务管理综合事务中心利用大数据框架的数据分析技术,专门定期对社会服务管理信息平台上的重点服务人群的诉求信息进行统计,并对这些诉求的处理情况进行追踪分析,及时发现近期公众诉求集中的事件,集中安排人力重点解决。如在2012年底,天气变冷,社会服务管理信息平台的统计分析结果表明,与供暖取暖问题相关的民情和台

---

① 黄少宏,谢颂昕.政府运用大数据 决策告别"拍脑袋"[N].南方日报,2015-07-27.

账数量大幅增加。东城区相关部门根据这一情况,及时组织专项活动,排查重点地区供暖问题,有效预防和解决了各类由于取暖导致的火灾隐患。①

以上案例充分表明,大数据时代对政府治理提出了新的要求。政府需要全面、快速、及时占有信息,过滤无效误导信息,使用逻辑分析和数据分析方法及时进行信息公开、共享,对自己关注领域的典型案例进行深入剖析,形成案例库以便指导日后工作。

随着大数据时代的来临,无论政府还是企业,应用大数据管理决策是大势所趋,潮流所向。我们必须明白:大数据时代,领导的"拍脑袋决策"可以休矣!

数字监管纠正市场失灵

首先要搞清楚监管是什么。把监管分拆开来,就是监督、管理。政府监管主要体现在市场上。市场监管的本质是纠正市场失灵,要把市场中出现的问题进行纠正,让其按照常规的运作方式继续前行。传统的监管方式无外乎发证和罚款,发各种各样的证,如工商、质检、食药、税务、环保、卫生、安全等。发证是第一个环节,之后便是各种检查,如果查出来有问题就会处罚,采用罚款、关停、整顿等各种方式。

现在这种传统的监管方式遇到了挑战,开罚单都找不着人了。为什么?因为互联网发达了,电子商务交易出现了,你在传统门店找不到罚款

---

① 陈之常.应用大数据推进政府治理能力现代化——以北京市东城区为例[J].中国行政管理,2015(2):38-42.

的对象和依据了，交易已经不在实体店面里产生了。所以，现在很多部门都开始思考，税务部门要看看到底有多少交易是在网上进行的、交易额有多大、交易结构是怎样的。这是一个来自信息化的挑战，每一个监管部门目前都遇到了同样的问题，就是因电子商务的盛行而不得不面临监管方式的改变。尽管电子商务并不是社会的全部，但其成为人类生活的重要方式已经成为事实，而且仍将继续发展。

创新是在现有思维方式下产生解决问题的新办法。而行政单位的工作几乎每年都是一样的，它的工作职能相对稳定，那么这种"稳定"就要求从思维上进行创新，从解决问题的办法上有一些改变。

如何应用大数据来实现监管创新呢？国家食药总局利用大数据手段进行食品安全监管并取得了显著成效，就是一个很好的案例。

大家也许能够注意到，近几年来我国的食品安全形象逐渐好转，为什么？2015年十二届全国人民代表大会第三次会议和政协第十二届全国委员会第三次会议期间，中国统计信息服务中心专门进行了一项研究，发现这一问题在2012年、2013年连续两年高居民意关注首位，2014年退居第六，而2015年在民意关注"前十"中已经看不到了。通过对媒体的数据、专家的数据、百姓的数据，分各种维度做了成因分析，我们发现政府监管部门围绕食品安全做了很多工作，并以此形成了《中国食品安全互联网形象研究报告》。大家知道，人是有自我保护意识的，不可能明知有害的东西还要去吃。以前发生的所有不安全事件，都是因为人们不知道有这些隐患，所以才会去消费。而以往的食品安全监管更多的是在事后，商品和消费品也是如此，工商、质检、食药这几个部门做的工作基本上都是事后监管。事前没人管，出了事再管，这就是传统的监管方式，也是"信息不对称"造成的通病。现在信息社会来了，技术手段更丰富了，那监管是不是应该前移了呢？如果你掌握了足够的信息，监管前移是完全有可能的。现在国家食药总局做的一个重要工作就是产品抽检信息数据的公开，不断地在官方网站上公布产品抽检结果。老百姓只要具备自我保护的意识，就会依据这些信息进行合理消费、安全消费。这就是信息对称带来的积极效应。

崇尚信息对称，这是监管创新的一个基础着眼点，达到信息对称、沟通顺畅之后很多问题都将迎刃而解。相信在未来，国家食药部门、工商部门、质检部门等各个与民生关联的部门会开发很多的App、小程序、H5等移动便捷形式，让人们在手机上就可以随时随地查到想要的信息，让生活更加便利、更加美好。

大数据提升政府治理精细化水平

大数据为政府和企业带来了精细管理的可能，也带来了服务创新的新机遇，而扁平化成了大数据时代管理的特征。

按照管理层次与管理幅度的关系，组织结构有两种形式，即扁平结构和直式结构。扁平结构是管理层次少而管理幅度大的结构，直式结构是管理层次多而管理幅度小的结构。管理幅度小，管理层次和管理人员就要增多，花费的精力、时间和费用都要增加；而扩大管理幅度可以减少管理层次，所需的管理人员、时间和费用减少，上下级之间信息传递的渠道缩短，可以提高工作效率。①

扁平化管理是相对于等级式管理构架的一种管理模式。它较好地解决了等级式管理的层次重叠、冗员多、组织机构运转效率低下等弊端，加快了信息流的速率。

据《南方日报》2015年7月27日报道，首期"广州新观察"圆桌会议在暨南大学行政楼举行，来自国内政、学、研、企等领域的专家学者、媒体记者，共话大数据时代的政府治理创新。专家指出，大数据将让政府告别"拍脑袋"决策，让政府决策更加科学化、精细化。

暨南大学党委书记蒋述卓说，大数据为社会的治理、政府的治理提供了坚实的基础，不仅为政府治理提供了一种治理的观念，还提供了一种宏观的信仰，使我们的决策更加坚实、有实据，不再是拍脑袋就做决定了，现在做决策要建立在用数据、事实说话的基础上，才能更坚实地把治理的模式做好。

圆桌会议讨论了如何运用大数据来解决广州市政府治理中面临的问题，为改善和创新广州市的政府服务提供帮助。关于"广州新观察"系列学术研讨会的宗旨，广州市社科联主席曾伟玉在发言中指出，首先是参照广州的发展实践，服务党委政府的科学决策。当前，广州正在积极落实国家"一带一路"倡议、自贸试验区建设和创新驱动战略的部署，同时加快推动建设国际航运中心、物流中心、商贸中心和现代金融服务体系。这一过程中有大量的决策需要咨询，有大量的问题需要学术界给予回答，有大

---

① 张晓霞.扁平化管理在企业管理中的应用[J].中国物流与采购，2005（8）.

量的政策需要创新。这一切离不开大数据的收集与分析。

《南方日报》社社委姚燕永指出,在人人都有麦克风的众声喧哗时代,社会更加需要发出理性、建设性的声音。当前,中国改革正进入攻坚期,广州作为国家中心城市,也迎来了新一轮改革发展的机遇期和挑战期,亟待学术理论界的多方参与。他说道:"我们期望,系列研讨活动吸引更多的专家学者参与进来,充分发挥思想库和智囊团的作用,围绕改革发展、基层治理的难点、热点、焦点建言献策、出谋划策,虚实结合、或赞或弹,进一步凝聚改革发展共识,促进政府决策的民主化、科学化。"[①]

---

① 黄少宏,谢颂昕.政府运用大数据 决策告别"拍脑袋"[N].南方日报,2015-07-27.

09
数据安全与风险管理

Digital

China

Big Data and Government Managerial Decision

政府应用大数据的挑战

政府在应用大数据时还面临以下特殊的挑战。

1. **数据收集**。因为政府收集的数据不仅来自国家、机构和部门等不同的线下部门渠道,也来自社交网络、互联网等多种互联网线上渠道,收集难度可想而知。

2. **数据共享**。商业数据与政府数据的不同之处就是区域和范围,其差异近几年一直平稳增长。政府在提供公共服务,实施法律、规章的过程中积累了大量数据。这些数据的特征、属性、价值和因为存储、分析而带来的挑战,都不同于商业公司运营中产生的数据。政府的大数据特征属性可以表述为安全、存储和多样性。通常,每个政府机构或部门都有自己的存储机构,用于存储公共或机密信息,但这些部门信息并没有统一的标准,而且每个部门基于各种因素并不愿意分享各自的专有信息。[1] 这是目前数据开放存在的问题之一:意愿不强。此外,条块分割及瞻前顾后也是政府部门数据开放的问题所在。

---

[1] 高常水,江道辉. 领先国家政府大数据应用仍处初级阶段 [N]. 中国电子报,2014-05-30.

每个政府部门系统都保存有与其他部门系统完全隔绝的信息，这使政府机构和部门之间的数据集成显得更加复杂，部门之间彼此沟通的成本非常高，而且常常失败，也是影响数据集成的重要原因。例如警察机构和医院之间如果在暴力犯罪方面分享信息，是可以较好地判断犯罪特征的，但这一项目能否成功的关键在于双方机构之间是否可以顺畅沟通。除了沟通因素之外，我们也发现尽管大部分的政府数据是结构化的，但是从多种渠道和来源收集数据仍然是一个非常大的挑战，缺乏标准化的数据格式和软件，以及从多个政府机构分散的数据库中提取有用信息的跨机构解决方法，也是政府推进大数据应用面临的主要挑战。

3. **法律法规保障**。在采集和运用大数据进行预测分析与保障公民隐私权之间，需要有必要的法律法规界定。美国《爱国者法案》不只允许合法监控，甚至还可以监控公民。而目前我国尚未形成相关的法律法规，公民隐私和正常的大数据应用之间没有明显的界限，这导致部分企业利用公民隐私从事商业活动的行为无法受到监督，甚至连政府部门也没有很好地执行其应有的责任，而对于一些原本可以开放的数据也因为没有相应的界定而不能共享，现在必须尽快出台相应的法案来约束和促进数据共享。

4. **确保数据安全**。这恐怕是所有政府大数据最基本的属性。虽然现在国家在竭力推动政府数据开放，然而，目前包括 Casandra 数据库和 Hadoop 分布式技术在内的大部分大数据技术都缺乏足够的安全保护工具。来自技术上的安全困扰也是制约数据共享开放的一道门槛。同时，收集、存储和使用对于政府部门来说最大的或者说最有可能引发领导责任的就是安全因素。在得到上级部门明确的态度之前，恐怕基层部门的领导第一考虑的是基于安全的自身责任问题，而非数据开放共享带来的发展可能。随着大数据时代的来临，领导者在日程管理中也将面临新的管理风险与挑战。经济、社会的不断发展，使得结构化和非结构化数据越来越多，加上分析工具的日益多样化，组织的风险管理得以朝着以数据为导向的方向不断转变。

数据安全不可忽视

开放政府数据有风险。但是，要想让大数据助力科学决策，提高公共服务能力，就必须推进数据的互联共享和开放。我们现在要做的，就是先摸清数据方面的"家底"。《关于运用大数据加强对市场主体服务和监管的若干意见》在附件第20条要求相关部门探索建立政府信息资源目录，要求2016年12月底前出台目录编制指南。一旦打通了数据，各方数据会像万花筒一样呈现出很多新内容。

诚然，打通政府数据不是一般的难度，首先要解决条块分割的问题。有些人总担心打通后会出"麻烦"，况且保留自己的一块权力，让别人来找我商量，岂不更握有话语权？其次就是瞻前顾后，别人没干，我就先等等看这样的问题。为什么把大数据叫作"一把手工程"？就是得让一把手、让管理者统一思想才行。现在大数据已经被提到了国家战略的高度，上面在政策面拉动，下面在技术面推动，中间的应用面不动是不可能的。

应该看到，数据安全的重要性早已被我国政府所认识，也加强了有关方面的工作。而一些政绩观作祟官员的迟钝和跟风，与某些企业数据大盗的行为一样，制约了我国大数据的发展，让这些大数据的从业者甚感不安。

随着在线互动、线上交易,在线生产的数据越来越多,基于数据窃取的犯罪动机也比以往任何时候都来得更强烈。如今,黑客们的组织性更强,更加专业,作案工具也更加强大,作案手段更是层出不穷。云端的大数据对于黑客们来说是个极具吸引力的获取信息的目标,相对于以往一次性数据泄露或者黑客攻击事件的小打小闹,现在数据一旦泄露,对整个企业可以说是一着不慎,满盘皆输,不仅会导致声誉受损、造成巨大的经济损失,严重的还要承担法律责任。所以在大数据时代,网络的恢复能力以及防范策略可以说是至关重要。

但是政府和企业快速采用和实施诸如云服务等新技术还存在不小的压力,因为它们可能带来无法预料的风险或造成意想不到的后果,这就对企业和政府制定安全正确的云计算采购策略提出了更高的要求。

众所周知,数据的收集、存储、访问、传输必不可少需要借助移动设备,所以大数据时代的来临也带动了移动设备的猛增。随之而来的是BYOD(Bring Your Own Device,即携带自己的设备办公)风潮的兴起,越来越多的员工带着自己的移动设备进行办公。不可否认的是,BYOD的确为人们的工作带来了便利,而且也帮助企业节省了很大一笔开支,但也给企业带来了更大的安全隐患。曾几何时,手持设备被当成黑客入侵内网的绝佳跳板,所以企业管理和确保员工个人设备的安全性也相应增加了难度。[1]

信息安全的重要性不言而喻。每家企业都是全球化的、复杂的、相互依存的产业链的一部分,信息将其紧密地联系在一起,从简单的数据到商

---

[1] 亓冬,吴洋,彭默馨.直面大数据对信息安全的挑战[J].保密工作,2012(8).

业机密再到知识产权，信息的泄露可能导致企业名誉受损、经济损失，甚至是法律制裁。信息在协调企业间承包和供应等业务关系中扮演着举足轻重的角色。

随着产生、存储、分析的数据量越来越大，隐私问题将愈加凸显，应当将新的数据保护要求以及立法机构和监管部门的完善提上日程。大数据具有相当大的价值，但同时又存在巨大的安全隐患，一旦落入非法分子手中，势必给企业和个人造成巨大的损失。①

网络安全法筑起公民隐私保护墙

2016年8月21日，山东临沂一个刚刚考上大学的女孩徐玉玉因被诈骗电话骗走上大学的费用，伤心欲绝，郁结于心，最终导致心脏骤停，不幸离世。电话诈骗的起因就是大量的黑市数据贩卖导致的隐私信息外泄。2017年6月1日，《中华人民共和国网络安全法》及相关配套细则正式实施，监管部门对数据乱象出手，几十家数据公司被调查，上万个数据接口被关停，百姓一片叫好。这些被清理的公司曾使得黑市上的数据买卖无限繁荣，甚至误导了对大数据的理解就是谁能交易数据、谁能交易越隐私的数据，谁就是大数据，其中甚至不乏已经新三板上市的估值超过数十亿元的公司。这次的清理使得非正规经营的公司被洗牌出局，地下数据交易市场全面萎缩，也让投资机构感到紧张。实际上，我对用户数据交易、大数据征信这类模式一直持保留意见，或者说这是大数据的伪命题之一、是脱

---

① 戴玉.推动政府决策从"信息化"到"大数据"——专访中国统计信息服务中心大数据研究实验室主任江青[J].南风窗，2015（19）.

离数据要素本身的交易。而基于数据显示的规律挖掘价值和结果分析，以数据应用研究作为切入点，创造数据应用的多场景模式，这才是大数据发展的价值核心。

公安部门的重拳打击和网络安全法的正式实施，使得我国大数据行业开始正式面对合法和理性，大数据安全的相关市场空间被进一步释放，政府和企业在大数据安全技术、数据标准化、数据源合法可信化、大数据产品和服务创新方面的投入将进一步加大。我国还将大力推进双边跨境数据的流动合作，建立国与国之间的数据流通保护协调机制，人们参与数据跨境流动国际标准和规则制定的积极性将不断提高。

大数据对科学决策存在的隐患

现在，大数据对科学决策来说主要有两个隐患：首先，如果模型算法不科学的话，大数据的预判、分析等功能就有可能出现失误；其次，就是数据质量的问题。

减少虚假数据的影响有两个方法：第一，数据共享和公开，一旦实现就会倒逼数据必须是真实的，接受监督；第二，大数据的特点就是会有其他数据源来佐证，当数据量足够大、数据源足够多的时候，可以根据关联数据分析出贴近真实的情况，少量的虚假数据很难影响整体结果。传统调研是对未知情况的调查，但大数据是对已知情况的记录和汇总。当数据收集越来越智能时，人为干预的因素就会越来越少。

应该明确一下，现在的大数据和传统的抽样统计调查数据是不同的。大数据重视全量数据获取，抽样调查更注重抽样的科学性；大数据更重视挖掘数据背后的价值，更多地考虑关联研究，而传统调查数据能得出个总数已经很不容易，所以后期处理基本就是把数据分类汇总，很少会关注A和B等之间的关系——不是说不能，而是传统的思维定式：到这儿全部工作就已经完成了，不想继续挖掘或者工作职能里也没有这个要求。如果有机构或者个人对其稍微多做一点挖掘，就会是另一个结果。

大数据方面的人才确实很不充沛，各地发展大数据还需要非常坚实的信息化基础，思维、环境、人才一个都不能少。政府需要的并不单是IT人或者统计人，而是兼具管理学、传播学等知识的复合型人才，这样才能帮助领导在管理决策上更好地进行分析判断。所以，政府倾向于外包，因为政府暂时不具备相关能力。

但是，如果完全外包的话，有的企业就把数据截留了。当然，它们也不一定会把数据泄露出去，也许只是自己内部使用。但是，有些部门或者地方政府没有意识到，你自己发现不了的数据价值，别人却有能力把握它，有目的地去研究你。例如，浙江某个做国家级课题的大学教授拿到了某区域的人口数据，数据被一个美国留学生带了回去，他分析发现，这个偏僻的地方聚集了一大批博士、博士后，有点违背常理，最后得出这一地区有一个绝密的军事基地。由此可见，数据会呈现很多规律，并透露很多信息。

大数据风险管理的重要性

世界很公平，收益与风险是成正比的。但如何依靠数据量化风险才是发挥大数据价值的关键。过去的风险管理与决策以主观经验判断为主，辅以数据支撑，导致风险管理水平较低。而在当前宏观经济调整、产业结构优化、外部竞争加剧的大环境中，如何依靠数据，量化风险，提高风险管理水平，进而提升竞争力，就显得极为重要。

大数据的兴起以及其他技术的进步，极大地缩短了政府和企业的响应时间，政府和企业如今能以飞快的速度获取和处理风险管理所需要的信息，其用时之短在十年前是难以想象的。

根据美国普华永道会计师事务所（Price Waterhouse Coopers，PwC）的一份案例研究，某亚洲银行在不到 8 小时的时间里就分析完一组 3000 万美元的复杂现金流文书，分属 50 000 个不同方案。而在大数据和高级处理能力尚未达到时，同样的工作可能会花费数周时间。

然而，人们在进行数据共享时也面临着阻碍。各部门可能会维护自己的数据，理由包括保密性、害怕吸引过于严格的审查或者失去对某些工作资本的掌控。信息孤岛化是大数据风险管理的敌人。

不同领域风险的复杂性日益提高，推动了大数据的利用并试图加以控制。经济学家、业界领袖存在这样一个共识：未来十年波动性将成为一种"新常态"。经济波动、资源紧张以及政治和社会变动都会对企业构成不确定、不稳定的经营环境。在这一背景下，大数据的风险管理作用将越来越重要。

Canadian Tire 公司曾做过一次突破性调查，将消费者行为和信用风险挂钩。通过详细分析消费者在多家店铺使用 Canadian Tire 公司发行的信用卡消费的情况，这家公司发现延迟交付、信用卡违约都是可以预测的。办法就是通过研究人们购买的商品种类和品牌，以及他们所光顾的酒吧类型。比如，数据显示那些购买金属骷髅头汽车配饰或者改装大排量排气管的消费者，最终有可能不会支付账单。而曾在蒙特利尔 Sharx Pool Bar 酒吧里消费的顾客中，有 47% 的人消费以后在 12 个月内曾经四次拖欠还款，令这家酒吧成为加拿大"风险最高的酒馆"。Canadian Tire 的故事反映了大数据分析的一个关键问题：它们能够向你展现更为全面的景象。通过将多样化的数据集引入计算，就能提高对风险的认识并降低风险。

在大数据时代，社交数据被证实是一种愈发实用和直接的风险管理工具。社交媒体是有效的早期预警系统，能够反映消费者的情绪变化、重大的宏观经济风险乃至社会和政治风险。战乱、自然灾害的消息可能会首先在微博、Facebook、Twitter，以及俄罗斯的 VK 等社交媒体上被曝光。①

领导者可以将预测分析学和统计建模、数据挖掘等技术结合到一起对事件进行预测，利用它们来评估潜在威胁。大数据公司纷纷推出产品，帮助客户进行快速实验和快速原型开发，并允许企业尝试，甚至去冒险，然后再大面积推广。其理念基础在于：从失误中学习是发展过程不可或缺的组成部分。领导者或许因此需要找到一些办法，将"从失败中学习"纳入流程、预算和资本分配中。相对于后知后觉式的风险分析，前者可谓迈出了一大步。

基于大数据的影响力之大，领导者目前正站在一个十字路口。他们或者什么也不做，任由技术进步将他们所拥有的技能商品化，使其地位不断下降；抑或适应新环境，提高自身影响力和他们能为组织增加的价值。

---

① 特许公认会计师公会. 大数据：福音还是祸源（下）[J]. 首席财务官，2014（5）：74-77.

大数据对各个行业而言意味着机遇：承担更具战略意义的职责，帮助企业实现未来。通过大数据技术收集和分析结构性和非结构性数据，对信息进行建模和检测，可以为管理者提供新的、攸关企业经营的服务：让大数据变小，将信息提炼成精辟的见解，从而改进决策，实现政府和企业转型。

大数据时代的到来，为各类风险管理提供了新机遇，带来了新挑战。大数据属于国家基础性战略资源，对各部门业务开展整体数据分析、实现基于数据的科学决策有着重要影响和意义。只有充分发展和利用大数据资源，不断提升部门数据规模、质量和应用水平，深入发掘部门业务数据的潜在价值，用数据检验和制定工作决策，用数据推动风险管理变革，才能不断提高政府治理能力。

未来时代，人人在线、物物互联、世界被感知，越来越多的数据在涌现。现在全球已经超过20亿部智能手机，中国智能手机的数量超过6亿部。车联网、物联网、机联网都成为数据采集、流通和沉淀的网络，未来5年中国传感器市场将稳步快速发展。当前，互联网公开数据的采集能力也越来越强，从大量公开数据中挖掘出有价值的数据，是未来很长一段时间内的一项基本课题。

大数据处理技术越发成熟。数据搜索技术、语音识别技术、图像处理技术、人脸识别技术、非结构化的文字处理技术等都已经达到比较高的智能化水平，基本达到了应用场景的需求。可视化分析是大数据分析的重要方法之一。大数据可视化分析是根据人对于可视化信息的认知能力优势，融合人与计算机的优势，借助人机交互分析方法和技术，辅助人们更为直观和高效地掌握大数据背后的信息、知识和规律。大数据可视分析理论主要包括认知理论、信息可视化理论、人机交互与用户界面理论。在大数据可视化技术基础上可以开发出来一系列可以与行业应用相结合的大数据可视化分析决策系统，其可以广泛应用于航空航天、智慧城市、公共安全、企业管理、工业控制等领域。

10

大数据、大机遇、大未来

Digital

China

Big Data and Government Managerial Decision

国家大数据战略布局

关于大数据对新一轮科技革命和产业变革的重要意义，以及大数据变革所蕴藏的巨大发展机遇，国家领导人和有关部门领导做何评价，顶层设计又是怎样的呢？

2014年3月5日，国务院总理李克强在十二届全国人民代表大会第二次会议上做政府工作报告时指出，要设立新兴产业创业创新平台，在新一代移动通信、集成电路、大数据、先进制造、新能源、新材料等方面赶超先进，引领未来产业发展。这是"大数据"首次被写入政府工作报告，也表明其作为一种新兴产业，将得到国家层面的大力支持。

2014年11月20日，李克强在杭州与首届世界互联网大会的中外代表座谈时，对参会的外国互联网权威人士说："互联网的发展方向不仅有电子商务，还有云计算大数据和物联网，中外企业在这些领域都可以进行交流对话和合作，相信你们在中国会有更大市场。"

从金融医疗贸易到扶持小微企业电子政务监管审计，在李克强看来，利用大数据绝不仅仅是企业的事,也是政府部门的事。2014年7月25日,李克强在山东浪潮集团考察时,把相关部门负责人叫到身边"现场办公",要求他们以云计算大数据理念,与企业信息技术平台有机对接,建立统一的综合信用信息平台,实现大数据共享。他说:"不管是推进政府的简政放权、放管结合,还是推进新型工业化、城镇化、农业现代化,都要依靠云计算大数据。所以,它应该是大势所趋,是一个潮流。"[1]

2015年10月14日,国家工业和信息化部部长苗圩在《人民日报》发表的一篇题为《大数据,变革世界的关键资源》的文章认为,当前正处于大数据变革的时代。移动互联网、智能终端、新型传感器快速渗透到地球的每一个角落,人人有终端、物物可传感、处处可上网、时时在链接,数据增长速度用几何式增长甚至爆发式增长都很难形容得贴切。有机构预计,到2020年全球数据使用量将达到约44ZB(1ZB=10万亿亿字节),将涵盖经济社会发展各个领域。由此产生的革命性影响将重塑生产力发展模式,重构生产关系组织结构,提升产业效率和管理水平,提高政府治理的精准性、高效性和预见性。毋庸置疑,大数据将创造下一代互联网生态、下一代创新体系、下一代制造业形态以及下一代社会治理结构。同时,大数据还将改变国家间的竞争模式。世界各国对数据的依赖快速上升,国际竞争焦点将从对资本、土地、资源的争夺转向对大数据的争夺,重点体现为一国拥有数据的规模、活跃程度以及解析、处置、运用数据的能力,数字主权将成为继边防、海防、空防之后又一个大国博弈领域。各主要国家已认识到大数据对于国家的战略意义,谁掌握数据的主动权和主导权,谁

---

[1] 让改革红利惠泽民生——李克强山东行[J].走向世界,2014(37).

就能赢得未来。新一轮大国竞争在很大程度上是通过大数据增强对世界局势的影响力和主导权。[①]

苗圩的上述分析充分表明了大数据对于我国未来的战略意义。目前，我国已拥有了全球最多的互联网用户和移动互联网用户、全球最大的电子信息产品生产基地、全球最具成长性的信息消费市场，培育了一批具有国际竞争力的企业。庞大的用户群体和完整的经济体系提供了丰富的数据资源，而工业互联网将进一步激发大数据发展的潜力。

随着我国经济发展进入新常态，无论是保持经济中高速增长、促进产业迈向中高端水平，还是营造"大众创业、万众创新"的发展环境，大数据都将充当越来越重要的角色，在经济社会发展中的基础性、战略性、先导性地位也将越来越突出。

2015年7月1日，国务院办公厅印发了《关于运用大数据加强对市场主体服务和监管的若干意见》，并确定了各部委的行动时间表。8月19日，国务院常务会议通过了《关于促进大数据发展的行动纲要》，强调开发应用好大数据这一基础性战略资源，应按照建设制造强国和网络强国的战略部署，加强信息基础设施建设，提升信息产业支撑能力，构建完善以数据为核心的大数据产业链，推动公共数据资源开放共享，加快推动核心技术、应用模式、商业模式协同创新发展，将大数据打造成新常态下经济提质增效升级的新引擎，为经济发展和社会进步提供更有力的支撑。

关于公共数据资源开放问题，国务院在《促进大数据发展行动纲

[①] 苗圩.大数据，变革世界的关键资源[N].人民日报，2015-10-14.

要》中指出，2018年底前，要建成国家政府数据统一开放平台，率先在信用、交通、医疗等重要领域实现公共数据资源合理适度向社会开放。当前，我国已有多个省市发布了大数据发展战略，广州、沈阳、成都等地相继成立了大数据管理局，从组织架构上保障推动政府数据的资源整合与开放。

2017年12月8日，中共中央总书记习近平在主持中央政治局第二次集体学习时强调，要推动国家大数据战略，加快完善数字基础设施，推进数据资源整合和开放共享，保障数据安全，加快建设数字中国，更好服务我国经济社会发展和人民生活改善。如果说前几年大数据还停留在概念层被广为热议，有些领导干部甚至并不了解大数据对经济社会发展的重要价值，那么这次学习则真正触动了政府部门对于大数据应用的重视。

对实施国家大数据战略的解读

中华人民共和国国民经济和社会发展第十三个五年（2016 — 2020年）规划纲要，根据《中共中央关于制定国民经济和社会发展第十三个五年规划的建议》编制，主要阐明国家战略意图，明确经济社会发展宏伟目标、主要任务和重大举措，是市场主体的行为导向，是政府履行职责的重要依据，是全国各族人民的共同愿景。其中规划纲要在第二十七章中对实施国家大数据战略做了重点描述。

第二十七章 实施国家大数据战略

把大数据作为基础性战略资源,全面实施促进大数据发展行动,加快推动数据资源共享开放和开发应用,助力产业转型升级和社会治理创新。

第一节 加快政府数据开放共享

全面推进重点领域大数据高效采集、有效整合,深化政府数据和社会数据关联分析、融合利用,提高宏观调控、市场监管、社会治理和公共服务精准性和有效性。依托政府数据统一共享交换平台,加快推进跨部门数据资源共享共用。加快建设国家政府数据统一开放平台,推动政府信息系统和公共数据互联开放共享。制定政府数据共享开放目录,依法推进数据资源向社会开放。统筹布局建设国家大数据平台、数据中心等基础设施。研究制定数据开放、保护等法律法规,制定政府信息资源管理办法。

第二节 促进大数据产业健康发展

深化大数据在各行业的创新应用,探索与传统产业协同发展新业态新模式,加快完善大数据产业链。加快海量数据采集、存储、清洗、分析发掘、可视化、安全与隐私保护等领域关键技术攻关。促进大数据软硬件产品发展。完善大数据产业公共服务支撑体系和生态体系,加强标准体系和质量技术基础建设。

仅从字面看,显而易见,数据能为政府和企业带来更强的领导决策能力、洞察发现能力和流程优化能力。通过解构纲要中文字的部分关键词,让我们一起来看看"十三五"规划对国家大数据战略的期望以及大数据全面渗透社会各领域的路径。

关键词：共享开放与开发应用

大数据产业链分为资源、技术与研究应用三大节点领域。

资源即数据权属资源。在互联网＋时代，随着互联网的普及，任何机构都有可能拥有数据资源，并将成为其持续变现的资本。信息流动与分享的范围不断扩大，信息越来越对称，数据价值不断增加，数据资源已经和能源一样，日益受到各国重视。但是，数据源匮乏和封闭却一直是制约大数据应用和发展的主要瓶颈。随着国家大数据战略的实施，政府会持续推动公开数据以保障产业加快发展。

技术即大数据相关软硬件等技术。我国的软硬件技术基础并不差，互联网相关产业在国际上也有一席之地。不过对于大数据发展初期的过去几年乃至现在，硬件、基础软件、信息安全等依然是直接受益的部分。大数据发展趋势被全球看好，特别是智慧城市，前些年来，各地蜂拥而起发展智慧城市，重点就是基础硬件、软件的发展。尽管智慧城市的初级阶段数字城市尚未完成，但从大数据的关联研究角度来看，数字城市、数据平台、智能生活、智能制造在智慧城市发展过程中并行也是一种将要长期存在的必然现象。

研究应用是大数据核心价值的体现部分，即数据挖掘分析及应用。现在，数据挖掘分析以及落地应用尚未得到有效重视和推动，但从现在开始直到未来，政务大数据、商务大数据的落地应用将主要依赖于分析服务、可视化实现，在技术领域已经群雄割据的市场上，立足于数据资源型与应用型的组织也必将成为新的发展方向，而具有突出的创新能力与行业整合能力的组织将会发展得更加迅速。

数据的共享开放与开发应用是国家综合竞争力的新标志。可以预见的是，国家接下来将启动大数据开放立法，加速政府数据开放进程。

在大数据研究应用实践中，国家统计局是官方最早直面大数据时代到来的国家部委，而其大数据应用于统计业务堪当领军旗帜。直属单位中国统计信息服务中心则最早在厦门设立大数据研究服务基地，最早与企业共建大数据研究实验室（首页大数据），最早将大数据应用于行业决策参考、履职能力提升、民生服务，最早共建基于行业管理的教育大数据研究院，也是最早用大数据服务党中央国务院领导决策参考。其大数据研究实验室（首页大数据）按照数据对象划分，基于业务需求和问题导向，建设了贯通融合线上线下数据的纵向领域大数据研究应用平台，如统计大数据、舆情（社情民意）大数据、口碑大数据、电商大数据、食品安全大数据、智库大数据、教育大数据等。

尽管如此，中国的大数据研究应用仍然处于起步阶段，虽然互联网数据已经在众多初创公司的推动下得到比较多的应用，但这远远不够，而来自政府部门、企业、个人的数据研究及应用是"互联网+"背景下大数据的重要发展方向。

关键词：产业转型升级和社会治理创新

2016年是"十三五"规划的第一年，也是中国经济进入深度调整期和转型期的关键年。促进产业转型升级是"十三五"期间的重要任务，社会治理创新也是"十三五"期间提升国家综合竞争力的必要途径。

每个政府和企业的领导者都应该考虑一个重要问题：如何用大数据优化和创新自己的业务。以大数据思维来理解"创新"，我是这样看的：只要将大数据整合到现有的政府履职和企业业务生态链中,它就会不断创造出新的价值,帮助组织在竞争激烈的环境中胜出,即"产业升级"和"治理创新"。我一直在各种场合强调"互联网讲究开放,而大数据则讲究融合"的理念,就是呼吁现有的政府部门及市场主体应该更多地从融合的角度来看待大数据发展和创新,而非独树一帜。

每个自然人也都应该考虑如何用大数据指挥自己的工作和生活。纲要提出的政府数据开放,将为社会治理和创业创新提供更多的政策支撑。国家安全部门早已将大数据应用于社会治理的日常工作中,例如规律总结、人物画像、趋势预判。气象部门本就已经在气象数据服务民生领域做了有益探索,现在更是将其数据集合上传至云端,并希望此举能推动更多社会机构、更多创业者合作,共同挖掘气象大数据的深层价值,开拓中国气象大数据产业空间。

我认为建设具有自主技术力量的应用级大数据平台,整合国内优质数据服务商、政务民生数据和互联网数据,提供包括技术在内的全面的大数据平台化服务,构建基于大数据分析的业务模型,深入挖掘数据资源价值,通过大数据分析驱动产业转型升级和社会治理创新将成为新的竞争优势。

大数据全面渗透社会各领域及生活的方方面面已成事实,所以任何行业的大数据应用都不应该沉浸在底层研发技术上面,一定要以解决实际问题为发展方向,即尊重问题导向、需求导向,最后结果验证。

深化大数据在产业领域的应用

随着国家大数据战略的深入实施，各个行业领域大数据相关政策措施将陆续贯彻落实，我国大数据产业的发展环境将进一步优化，经济社会各领域对大数据服务的需求也会进一步增强，大数据产业规模将继续保持高速增长态势。

国家大数据综合实验区建设将推动形成特色领域，结合地方产业特色和应用发展的大数据集聚区和新型工业化大数据示范基地的建设也将持续推进。国家发改委、环保部、工信部、国家林业局、农业部等均推出了有关行业的大数据发展意见或方案。大数据政策逐渐向各行业、各领域延伸，进一步加快了大数据应用推广的步伐。国家发改委、网信办和工信部批复综合实验区和国家大数据工程实验室，各地政府也纷纷出台规划政策，结合自身特色推动当地大数据产业发展。工业大数据将进一步推动传统工业转型升级。随着《国务院关于深化制造业与互联网融合发展的指导意见》《大数据产业发展规划（2016—2020年）》《智能制造发展规划（2016—2020年）》等政策逐步实施，我国将进一步深化工业大数据在工业领域的应用推广，探索建立工业大数据中心，实施工业大数据应用示范工程，助力传统工业转型智能制造。随着大数据在交通、环保、金融等行业的应用发展，其将为社会经济发展的方方面面提供广泛有力的支撑。

从区域分布看，我国大数据产业形成了京津冀、长三角、珠三角、西部地区和东北地区五个各具特色的区域。其中，京津冀地区和珠三角地区成为最具创新活力和带动能力的区域，不仅形成了大中小企业梯次发展的健康结构，而且还涌现出北京、广东、上海、贵州、浙江、江苏六个大数据企业集聚省市。

从供给结构看，我国大数据市场的供给结构呈现四边形：百度、腾讯、阿里巴巴等数字技术企业；以华为、联想、浪潮、用友等为代表的传统IT厂商；以中国统计信息服务中心（国家统计局社情民意调查中心）、中国统计信息咨询中心等为代表的大数据应用国家队；以拓尔思、九次方、海量、亿赞普、首页等为代表的大数据相关企业，涵盖了数据采集、数据存储、数据分析、数据可视化以及数据安全等领域。

大数据创新主体日益丰富。不仅互联网企业、IT企业以及大量初创企业积极开展技术及产品创新，很多科研机构、社会组织也纷纷开展技术和产品的创新活动。其中，科技企业是大数据技术创新的主要力量，同时也在开源环境中不断地扩大行业影响力，抢占竞争制高点，争取技术发展和标准制定的话语权，努力培育以开源为基础的新型产业生态。

大数据创新及产业化速度明显加快。大数据新技术越来越智能，新产品数量越来越多，产、学、研、用协同创新机制也已经初具规模，技术产品化、产业化速度明显加快。大数据新技术覆盖了从数据采集、分析到可视化的整个大数据产业链。投资主体也开始逐渐呈多元化发展态势。互联网龙头企业、传统IT巨头、云计算企业、数据管理、大数据分析企业等都成为大数据领域的投资对象。谷歌、Facebook、苹果、亚马逊、IBM、微软等企业热衷于收购有潜力的科技初创企业，投资并购行为活跃，涉及金额大。一些大数据企业既是投资并购的对象，同时也是投资主体。拥有成熟应用或核心技术的公司备受青睐，行业应用仍是投融资热点，资本会向掌握行业应用产品和服务的企业或具有行业应用开发潜力的公司聚集。

数字中国：大数据与政府管理决策

政务管理和公共服务大数据应用日益广泛。政府通过大数据分析，更好地研判社会和经济发展态势，解决城市管理、公共服务中的具体问题等，依靠大数据不断提高决策科学化水平以及管理精细化水平。政府部门一方面掌握了大量的基础数据资源，另一方面，在城市管理、安全管控、行政监管等领域的应用需求旺盛。大数据改变了传统的行政思维模式，从政务信息公开到数据整合共享，大数据正在推动政府从"经验治理"转向"科学治理"。相应地，政企合作也成为当前大数据发展重要推动力之一。华为等主要设备厂商和联通等电信运营商以及甲骨文等大数据企业通过与各地政府战略合作，建设大数据平台，帮助各地落实智慧城市战略，推进大数据应用落地。

相关技术创新将为大数据产业发展注入新的活力。大数据与信息技术的融合发展将催生更多新技术、新模式和新业态。物联网的发展将极大地提升大数据的获取能力，云计算与人工智能也正逐步融入大数据分析体系，机器学习技术将有效地提升大数据分析能力。大数据的技术发展与物联网、云计算、人工智能等信息技术的联系愈发紧密。目前，很多企业已经开始研发机器学习技术，最先进的机器学习和人工智能系统正在超越传统的基于规则的算法，允许计算机在没有明确编码的情况下学习新事物，创建出能够理解、学习、预测、适应甚至可以自主操作的系统，这将有效地提升大数据分析能力。非结构化数据处理技术的进步将极大地拓展数据价值空间。对于那些无法用数字或统一的结构表示的信息，如文本、图像、声音、网页等，我们称为非结构化数据。非结构化数据处理不易，却包含了大量信息，基于开源模式的技术创新正在不断提升非结构化数据处理技术水平，这将极大地丰富数据价值空间。数据可视化技术发展将有力地推动大数据应用普及。数据可视化技术不仅让隐藏在大数据资源背后的真相呈现在众人面前,还可以让企业组织在业务繁忙的同时对数据进行检索与处理,为用户提供便捷直观的分析展示,且没有任何技术门槛的限制。可视化技术势必有效地推动大数据在各行各业的广泛普及。

大数据在"一带一路"的应用

"一带一路"倡议的提出将中国推向第二个发展高潮,地方政府紧跟"一带一路"倡议可以再次实现区域经济的腾飞。而如何调整产业结构、如何升级,就成为摆在政府领导者面前的首要问题。

面对"一带一路"给区域经济腾飞带来的良好机遇,地方政府领导和相关企业应该借助大数据进行充分的产业分析、状况分析,理清当地的产业现状,找出核心产业、边缘产业及有潜力的产业,再结合其他区域数据找到区域经济发展的核心引擎。

陕西启动"一带一路大数据平台"

国家统计局国际中心、西安财经学院、中国统计信息服务中心、首页大数据、中国(西安)丝绸之路研究院共建启动了"一带一路大数据平台",该项目是国内响应共建"一带一路"重大倡议的首家国际化专业数据库,旨在通过对与"一带一路"相关的数据进行实时收集和分析,总结"一带一路"建设的基本情况、政策、进展和有益经验,为各地方政府制定发展战略,推动企业、科研机构、个人等有效参与"一带一路"提供数据支撑和政策咨询。该数据平台依托具备统计学、经济学、公共管理学、数学、计算机等专业背景的数据分析研究人员,在智库专家学者的指导下,定期对外发布"一带一路"相关指数成果，并对各类数据进行分析、研究，形成多种调研报告，为国家、省市以及企业用户提供全方位的信息服务。

大数据应用在"一带一路"相关智库的研究已经启动，以国家统计局国际中心、陕西省统计局、中国统计信息服务中心、西安财经学院、首页大数据共建的中国（西安）丝绸之路研究院｜"一带一路"大数据研究中心 2015 年基于大数据技术和方法完成了《陕西省产业发展现状及丝绸之路发展定位研究报告》，这是一份对各省市参与"一带一路"建设及发展的重要参考报告，也是我国第一份基于大数据技术和方法形成的智库研究成果。本书摘录其中报告要点以飨读者。

《陕西省产业发展现状及丝绸之路发展定位研究报告》（2015）报告要点综述

1. 陕西省近年来经济社会发展成果显著

近几年来，陕西省委省政府深入贯彻落实科学发展观，以科学发展、富民强省为主题，以加快转变经济发展方式为主线，以保障和改善民生为出发点和落脚点，坚定不移地实施西部强省战略，加快推进"三个陕西"建设，经济增速位居全国前列，经济总量位次稳步提升，人民生活水平持续提高，生态环境明显改善。

2. "一带一路"倡议具有深刻的时代背景

2013 年 9 月和 10 月，中国国家主席习近平在出访中亚和东南亚国家期间，先后提出共建"丝绸之路经济带"和"21 世纪海上丝绸之路"的伟大构想，得到有关国家积极响应和国际社会的高度关注。国务院总理李克强参加2013年中国—东盟博览会时强调，铺就面向东盟的海上丝绸之路，打造带动腹地发展的战略支点。共建"一带一路"，是中国政府根据国际和地区形势深刻变化，以及中国发展面临的新形势、新任务，致力于维护全球自由贸易体系和开放型经济体系，促进沿线各国加强合作、共克时艰、共谋发展提出的战略构想，具有深刻的时代背景。[1]

3. 陕西省定位为"丝绸之路经济带新起点"

陕西省实施"一带一路"倡议的基本定位是，打造丝绸之路经济带新起点，建设内陆改革开放高地。对接"一带一路"倡议的提出，重点建设交通物流、科技创新、产业合作、文化旅游、金融合作"五个中心"，加强关中板块发展，打造成内陆开放高地，引领西部省份的改革开放。

4. 多措并举打造"丝绸之路经济带新起点"

陕西省多措并举，打造"丝绸之路经济带新起点"，共提出297项提及"一带一路"或"丝绸之路经济带"的政策或措施。其形式涵盖方案、意见、通知、规划、展会、博览会、洽谈会、推介会、座谈会、研讨会、恳谈会、论坛、新机构组建、机构或区域合作等多种形式；内容涉及产业、贸易、旅游、文化、行政等各个方面。陕西省各市也各有侧重，推进"丝绸之路经济带"建设。

5. 陕西省优势全面，但也面临问题与挑战

陕西省在"丝绸之路经济带"国内五省区中拥有比较全面的优势，顺理成章成为"丝绸之路经济带"建设的龙头。但在"丝绸之路经济带"建设中，还存在国际经济形势低迷、国内经济下行压力加大、经济转型结构

---

[1] 董清风."一带一路"为坦桑尼亚迎来发展机遇[J].新商务周刊,2015(7).

调整任重道远等不利因素，以及金融业、高校影响力、资源承载力、航空物流等短板亟须重视与补齐。

6. 陕西省"丝绸之路经济带"定位清晰准确

文化旅游、科学教育、能源化工、交通物流、高端制造、贸易金融、创业创新是社会各界对陕西省"丝绸之路经济带"建设的主要认知，也成为陕西省达成"丝绸之路经济带"战略目标的重要支撑。

陕西省"丝绸之路经济带"定位把握住了自身自然资源禀赋和经济社会发展特征，也凸显了陕西省对比"丝绸之路经济带"其他省区的优势；比较明确地点名了目前陕西省经济社会发展中存在的短板与不足，指出了"丝绸之路经济带"建设中的着力点和着重点，定位非常清晰准确。

7. 陕西省2015年丝绸之路经济带发展指数

丝绸之路经济带发展指数（SREBDI）的目的是测度丝绸之路经济带省区经济社会发展，以及丝绸之路经济带建设进程。丝绸之路经济带发展指数评价体系由总指数（SREBDI）、基础发展指数和定位发展指数构成（最大阈值均为1）。

如表10-1所示，2015年陕西省SREBDI为0.396，陕西省"丝绸之路经济带"建设正处于起步阶段；基础发展指数和定位发展指数分别为0.426和0.373，说明目前陕西省自身发展基础比较牢固，实现"丝绸之路经济带"定位的重要领域的建设刚刚开始。

表10-1　　　　　2015年陕西省SREBDI与分类指数

指数	2015年
SREBDI	0.396
基础发展指数	0.426
定位发展指数	0.373

丝路云·"一带一路"动态数据库运营中心的成立

2015年4月18日,在新华社、《人民日报》《经济日报》、中央电视台等诸多中央媒体的聚焦之下,丝路云·"一带一路"动态数据库运营中心宣告落户上海维赛特网络系统有限公司。据国家民政部信息技术研究院理事、上海维赛特网络系统有限公司董事长兼总经理余建国介绍,该数据库项目是国内响应共建"一带一路"重大倡议的首家专业数据库,旨在通过对与"一带一路"相关的数据进行实时收集和分析,总结"一带一路"建设的基本情况、政策、进展和有益经验,为各地方政府制定发展战略,推动企业、科研机构、个人等有效参与"一带一路"提供数据支撑和政策咨询。

据介绍,该数据库的架构按功能划分为"'一带一路'数据库""世界看'一带一路'""综合分析"和"效果评估"四个板块,以期全面展现"一带一路"的相关信息以及"一带一路"在海外的情况。其中,"丝路云·'一带一路'动态数据库"首期拟建设"政策沟通""经贸合作""设施联通""信息服务""人文丝路""丝路非遗""绿色丝路""丝路旅游"等多个子库。数据库的架构按数据类型可划分为静态数据、动态数据、图像数据和统计数据。项目组将组织相关人员及时更新数据库的静态信息,包括对数据库的频道、板块及其他栏目的介绍说明进行补充完善等;动态信息管理包括实时汇聚的动态信息,通过对多个数据子库的实时更新反映"一带一路"建设的全貌。

据了解,该数据库将依托具备传播学、社会学、经济学、公共管理学和数理统计学等专业背景的数据分析研究人员,在智库专家学者的指导下,定期对外发布热点排行榜、指标体系、分析报告和蓝皮书等,对各类数据进行分析、研究，形成多种调研报告，为用户提供全方位的信息服务。

另外，由于大数据的重要性不容置疑，因此在全国范围内发展大数据的地区不只是上述地区。据不完全统计，全国已有20多个省市开展了有关云计算中心建设和云产业部署的计划，北京的"祥云工程"、哈尔滨的"中国云谷"、广州的"天云计划"、鄂尔多斯的"草原云谷"、天津的"云计算总部"，这些不同的提法都是在强调大数据的重要性。在此基础上，未来面向区域的大数据应用将获得快速发展。

结　语
如何适应大数据时代

"未来早已来到我们身边,只是分布还不均匀,而非仅是对未来的幻想。大数据已在我们身边,但大数据在大多数行业还没有找到适合的位置。"这是清华大学副校长杨斌对大数据现状的概括,大数据已经成为我们这个时代的一个支点。

认识、了解、理解、适应以及融入大数据时代,需要全面、客观地面对时代特征,培训大数据思维、培育大数据环境、培养大数据人才。

大数据思维亟须培训。睿智的领导者将会摒弃传统决策和管理方式,迎接大数据时代新型管理决策模式的到来。思维是适应任何时代最重要的基础。现在很多人都在空谈大数据,但事实是拥有大数据的永远只是行业中的少数巨头,当下的世界已经不可逆转地进入数字技术时代,整个中国发展都要善于运用大数据思维，社会也需要适时进行数据思维重构，每个人都不能拒绝大数据思维。

虽然个人不可能拥有大数据，但可以利用其思维来管理及分析日常数据，养成一种重视数据分析解决问题的习惯。要养成用大数据思维解决问题的习惯，就需要我们善于利用外部大数据指导决策。一些互联网公司的数据可以算得上大数据，比如 BAT，可以通过百度查询一个关键词的热度来决定自己的旅游线路，也可以通过查询天猫的评论数据来决定自己是否购买一件产品。

有了大数据思维，我们自然会重视数据的作用，会更加规范地管理数据以及进行数据分析。尤其是领导者，如果不具备数据思维，将会被时代无情地淘汰掉。

无论是领导层还是基层人员都要重视数据的力量，努力培养自己的大数据思维。

应用环境需加快培育。在经济发展过程中，在中央反复强调简政放权和转变政府职能的大背景下，政府的宏观调控和市场监管作用必不可少。政府部门要把更多精力放到培育产业发展环境上，做到有所作为，尽快培育大数据与产业融合发展的健康环境。

互联网时代的到来让我国的经济、社会发展迅速与国际接轨，未来中国的发展将如中国高铁般奋起直追。但政府在培育产业环境的过程中，明确自身的定位尤其重要，要营造良好的创新创业环境和政策氛围，以诚信体系、法制体系等来确保企业的良性发展。政府更应该提供各方面信息供企业参考，关键时刻也可以直接为企业提供智库咨询，要创新监管，做好政府服务角色。

大数据是市场的产物，是互联网发展的必然结果，也是市场化程度最高的行业板块。大数据发展应该真正需要政府搭台、企业唱戏的健康环境，这也是政府今后努力的方向。

大数据人才急需培养。我国能否在互联网+大数据时代这一轮新的国际竞争机会中取得胜利，人才是关键。

大数据时代不但需要复合型的高端管理、科研和开发人才，更需要众多基础开发、项目实施和维护人员。我国已经开设有云计算和大数据相关专业方向的普通高校和高职院校，截止到2018年3月1日，有283所院校获批开设大数据本科专业，多所高校开始招收主攻云计算和大数据方向的硕士和博士研究生。

大数据产业化涉及大数据科学、大数据技术、大数据工程和大数据应用等领域，人才缺口极大，而面对如此大的需求缺口，以中国现有的教育水平、教育机构效率来看，很难在短时间内满足发展需求，政府应注重搭建良好的大数据人才发展环境，加快实施前瞻性的人才培养计划。尽管本科和研究生教育层次的专业和方向建设开始启动，但是人才培养的过程相对较长。大数据应用迫在眉睫，现阶段的问题是如何保障当下的大数据应用需要而进行在职培训，这也成为了一个需要格外重视的问题。

我们应当看到和承认我国当前大数据发展中存在的问题和挑战，更应当看到我国产业发展面临的新机遇，只要抓住时机，重视培训领导者大数据思维、培育大数据发展环境、培养大数据复合人才这三个要素，中国必将迎来互联网+大数据时代更加辉煌、更具竞争力的发展前景。

展望未来，我以国务院发展研究中心党组书记、副主任马建堂对大数据的观点结束本书："从来没有哪一次技术变革能像大数据革命一样，在短短的数年之内，从少数科学家的主张，转变为全球领军公司的战略实践，继而上升为大国的竞争战略，形成一股无法忽视、无法回避的历史潮流。互联网、物联网、云计算、智慧城市、智慧地球正在使数据沿着'摩尔定律'飞速增长，一个与物理空间平行的数字空间正在形成。在新的数字世界当中，数据成为最宝贵的生产要素，顺应趋势、积极谋变的国家和企业将乘势崛起，成为新的领军者；无动于衷、墨守成规的组织将逐渐被边缘化，失去竞争的活力和动力。"

是的，大数据正在开启一个崭新的时代，大数据正在重构一个不一样的经济社会。

北京阅想时代文化发展有限责任公司为中国人民大学出版社有限公司下属的商业新知事业部，致力于经管类优秀出版物（外版书为主）的策划及出版，主要涉及经济管理、金融、投资理财、心理学、成功励志、生活等出版领域，下设"阅想·商业""阅想·财富""阅想·新知""阅想·心理""阅想·生活"以及"阅想·人文"等多条产品线。致力于为国内商业人士提供涵盖先进、前沿的管理理念和思想的专业类图书和趋势类图书，同时也为满足商业人士的内心诉求，打造一系列提倡心理和生活健康的心理学图书和生活管理类图书。

《战略思维与决策：优化商界与日常生活中的竞争策略》

- 来自世界最古老的商学院——欧洲商学院的战略思维和决策圣经。
- 众多国内外企业人士鼎力推荐。
- 一本企业管理者和EMBA学生必读书。

《大数据掘金：挖掘商业世界中的数据价值》

（"商业与大数据"系列）

- 在滚滚而来的数据洪流中沙里淘金，挖掘大数据背后的价值洼地，为企业带来下一个增长红利。
- 本书作者是国际知名的商务分析与数据挖掘专家、俄克拉荷马州立大学斯皮尔斯商学院管理科学与信息系统教授杜尔森·德伦博士。
- 一本关于文本及网页挖掘、情感分析以及大数据的最新入门指南。
- 适合管理者、分析团队成员、资质认证考生及学生阅读。

《大数据供应链：构建工业 4.0 时代智能物流新模式》

（"商业与大数据"系列）

- 一本大数据供应链落地之道的著作。
- 国际供应链管理专家娜达·桑德斯博士聚焦传统供应链模式向大数据转型，助力工业 4.0 时代智能供应链构建。
- 未来的竞争的核心将是争夺数据源、分析数据能力的竞争，而未来的供应链管理将赢在大数据。

《大数据经济新常态：如何在数据生态圈中实现共赢》

（"商业与大数据"系列）

- 一本发展中国特色的经济新常态的实践指南。
- 客户关系管理和市场情报领域的专家、埃默里大学教授倾情撰写。
- 中国经济再次站到了升级之路的十字路口，数据经济无疑是挖掘中国新常态经济潜能，实现经济升级与传统企业转型的关键。
- 本书适合分析师，企业高管、市场营销专家、咨询顾问以及所有对大数据感兴趣的人阅读。

《大数据产业革命：重构 DT 时代的企业数据解决方案》

（"商业与大数据"系列）

- IBM 集团副总裁、大数据业务掌门人亲自执笔的大数据产业鸿篇巨制。
- 倾注了 IT 百年企业 IBM 对数据的精准认识与深刻洞悉。
- 助力企业从 IT 时代向 DT 时代成功升级转型。
- 互联网专家、大数据领域专业人士联袂推荐。